# と国家

佐高信
Sataka Makoto

a pilot of wisdom

# 目次

官か、民か、新聞でも激論
「選ばれた敵役」の松永安左エ門
統制派vs.電力業界
抵抗むなしく「電力国家管理法」が成立
近衛嫌い
松永の予言どおり、日発の頓挫
引退か、転向か

## 第二章　誰が電力を制するのか――「鬼の棲み家」で始まった民の逆襲――

銀座電力局で「鬼」の復活
松永、GHQに一発かます
改革ではなく革命
松永案に否定的だったジャーナリズム
国会でも猛反対された松永案

文字組版／アイ・デプト．

## はじめに　電力を「私益」から解き放つために

「領海の外に公海がある」と歴史学者の網野善彦は喝破した。つまり、国家の支配する領土や領海の外に公《おおやけ》（パブリック）が存在するのであり、国家イコール公ではないということである。

国家をそのままパブリックなものと見る誤った風潮が強いこの国では、国家はすなわち公ならずという指摘は、どんなに強調しても強調しすぎることはないだろう。

よく官僚をめざす人間が、民間の私企業は利益第一だから、と自明のように言う。しかし、公益を考えて官僚となり、そのまま、その志を持ちつづける官僚が何人いるか。

私は、現代の官僚には自殺する官僚と腐敗する官僚しかいない、と書いたことがある。もちろん極論だが、たとえば水俣病《みなまたびょう》の患者への補償の問題で板ばさみとなり自殺した、環境庁（当時）企画調整局長の山内豊徳のような官僚はほとんど一割にも満たない存在であり、「ノーパンしゃぶしゃぶ」等のスキャンダルにまみれた大蔵（現財務）官僚のような腐敗官僚が多くを占める。

私はそれで、彼らを役人と呼ばず、戸人と蔑称する。たぶん、その中間でたいていの官僚は悩んでいるのだろう。

ただ、官僚たちの実態を見る限り、民間企業よりは官庁、つまり役所のほうが公益を考えているとは思えないということである。

いずれにせよ、いわば公益競争をしているのであり、最初から、公益は国家、民間は私益と一方的に軍配をあげるわけにはいかない。

それを前提として、電力対国家というテーマを考える時、歴史的にスパッと割り切れない幾つかの難問が浮上する。

私は第一章の表題を「国家管理という悪夢」としたが、かつて戦争を遂行するために軍部といわゆる革新官僚が手を結んで、電力の国家管理（電力国管）を強行したことがあった。電力が民間企業では戦争のための統制がやりにくかったからである。これはナチスドイツの「動力経済法」をマネしたものだったが、ほぼ同時に成立した国家総動員法によって、当時の大日本帝国は電力の消費規制を実施する。

言うまでもなく、当時は「お国のため」の戦争が最優先だった。民間の消費は削減され、企業活動に要する電力は統制された。

国家益に対する民間益というものがあるとするなら、電力国管は明らかに、国益ならぬ軍益のために、民益を大幅にカットしていったのである。

これに徹底的に反対したのが「電力の鬼」と呼ばれた松永安左エ門だった。福沢諭吉門下の松永は、官僚支配を極端に嫌い、「官吏は人間のクズである」と言い放った。在野に生きた松永は、官に対する民の伸長こそがこの国の発展に不可欠だと信じていた。松永が福沢から受け継いだのは独立自尊の精神であり、「天は人の上に人を造らず」の平等の教えである。そこから松永の強烈な反官僚意識も出てくる。

その昔『人間 福沢諭吉』（実業之日本社）の中で、松永は、大きな意地に生きる人間を大人物といい、小さな意地にとらわれる人間を小人物という規定した。大人物は常に大きく意地を通し、小人物はいつでもつまらぬ意地に躍起になるというのである。そして、「大意地、大人物論」から見ても、福沢は大物中の大物であったとする。

「電力対国家」の歴史を振り返れば、まさに松永は大きな意地を生きた大人物だった。電力国管を強行した革新官僚の奥村喜和男は小さな意地を通した小人物であり、いまはほとんど忘れられた存在となっている。

本書は「松永安左エ門伝」と言えるほど、松永の闘いに頁を割いたが、松永は損を覚悟で意地を通す人物だった。

生きているうちこそ鬼と云われても
　仏となりてのちに返さん

常にこううそぶいていたという松永は、戦後に日本社会党委員長となった鈴木茂三郎が戦時中に潜行していた時に援助したり、中国共産党の郭沫若《かくまつじゃく》が日本亡命中に生活できるようにとりはからったり、インド独立運動の志士、チャンドラ・ボースに救いの手を差しのべたりもしている。

時代が違うとはいえ、いま、そんなことのできそうな経営者、財界人はいない。電力の自由化はもちろん進めなければならないが、松永安左エ門やその弟子の木川田一隆のような骨のある経営者がいない状態で、それを進めたらどうなるかも考えなければならないだろう。

松永はいま、埼玉県新座市の平林寺に一子夫人と共に眠っている。墓が仲よく並んでいるのである。あくまでも食えない爺《じじ》いであり、夫人に先立たれた時、「朝ハオ茶、昼ハガナリテ、夜ハ酒、婆《ばば》ア死ンデモ、何ノ不自由」などと強がってみせている。

同じ福沢門下でも、松永と対照的な出処進退を示したのが阪急コンツェルンの創始者、小林一三《いちぞう》である。

小島直記の小林伝『鬼才縦横』に、こんな逸話が紹介されている。

小林が再建した箕面《みのお》有馬電気軌道（のちの阪急電鉄）の沿線に住んでいた阿部真之助（のちのNHK会長）は新聞記者としての優待パスで、いつもの電車に乗っていた。小林も乗って来ることがあったが、空席があってもドアの側《そば》に立っていた。

そしてある時、阿部が腰をかけていると、電車が混んできて、立っている人が多くなった。すると、ちょうど電車に乗っていた小林が阿部の前にやって来て、

「君、立ってくれんか」

と声をかけた。

「なぜですか？」

と阿部が尋ねると、小林は答えた。

「君はタダじゃないか」

阿部は立たざるをえなかった。

小島は「今日の経営者で、マスコミの人間に向って、これだけハッキリといえる人が何人いるか」と付け加えている。ましてや、阿部は辛口で鳴らし、のちにNHK会長となった記者である。

小島の小林伝は、小島が共感した点と共感しない点が極めてはっきりと書き分けられているのが特徴だが、小島が小林に最もバイブレートできなかったのが、昭和一五年（一九四〇）夏の第二次近衛（文麿）内閣での商工大臣就任だった。

「二・二六事件」が起こって軍部の勢いが強くなった昭和一一年。戦争遂行のための「電力国家管理」構想が持ち上がり、当時、東京電燈社長だった小林は、それに反対して引退を決意した。しかし、闘わずして退いてはと決意を胸に秘めて政府と闘ったのだが、結局敗北に終わった。その後、松永安左エ門は政府のやり方を怒って引退する。ところが小林は引退しなかった。それどころか、電力業界の息の根を止めた政府の商工大臣となったのである。松永のような「鬼」にしか抵抗を貫くことはできなかったのか。

この松永に徹底的に鍛えられて国家を背負った官僚支配に立ち向かうことになる木川田一隆は、東京電燈に入って小林一三社長の下で秘書課長となり、戦時中は憲兵隊に呼ばれたりもしている。

この木川田をも本書では大きくクローズアップしたが、「国家管理という悪夢」を振り払うには、松永や木川田のようなアクの強い人間が極端なまでに「電力は民間の手で」と主張し、それを実践せざるをえなかった。振り子をかなり激しく逆方向に引っ張らなければ、その悪夢は払えなかったからである。

戦後、松永がGHQの力を借りて強行した電力再編には、国会でもさまざまな反対意見が展開された。

たとえば自由党の村上勇は、

「電気事業の再編成を今ただちに実施することは、非常に電力の不足しておる現状では少し無謀ではないか。まず第一点は電気料金の地域差であります。電源地帯である北陸と電力の不足しておる九州あるいは中国では、一対四の比較になるというようなことは、九州中国地区の産業を破滅に導くものであると思います。

地域間の電力の融通は、日本発送電が今日全国統一してやっておりますが、それですらなかなか思うようにいかない。瞬間的な電力の過不足によって、そのように九分割された後、そんなことができるはずのものじゃないと、私どもは思っております」

と疑問を呈し、同じく自由党の福田一も、

「同じく国家管理でやっておるのでありますから、もしこういうような考え方からすれば、鉄道なども当然これに入って来るべきものと私は考える。電気についてこういうことをするのならば、鉄道についても今後このような考え方をもって、臨まれるかどうか」

と問《と》い質《ただ》して、当時の通産大臣の高瀬荘太郎から、

「現在は鉄道について何らそういうことを考えておりません」

という答を得ている。

ちなみに、鉄道もその後、分割・民営化の道をたどる。電力の九分割には、そのころ強力だった電力会社の労働組合、電産（日本電気産業労働組合）を弱体化させるという目的もあった。この先例に倣って、国鉄の分割・民営化も行われたのである。それに執着した中

曾根康弘がもたらした如《ごと》く、国鉄労働組合、すなわち国労の解体も一つの大きなねらいだった。

中曾根は現在この国を大混乱に陥らせている原子力発電を推進した超A級戦犯でもある。いずれにせよ、電力をどう公益事業化させるかが問われている。残念ながらいま、東京電力をはじめとした電力会社がパブリックを念頭において行動しているとは、とても思えない。かと言って、官僚たちもまた公を第一に考えているとも思えないのである。

本書は電力と国家の葛藤の歴史を振り返りながら、いかにすれば両者の緊張関係を保ちつつ、電力を「私益」から解き放つことができるかを考える素材を提供することを目的とする。

私は官僚に企業は運営できないと思う。戦中の国家管理という悪夢が厭《いや》というほどそれを教えている。戦後の再編論議の中で、社会党の今澄勇が指摘したように、「電気は空気、水に次ぐ生活の必需品」であり、それを片時も忘れることのない民間の企業家によって経営されなければならない。官僚の役目はそのチェックだろう。

しかし、現在は官僚にも電力会社のトップにも、そうした自覚、いわばパブリックの精神は失われている。凄《すさ》まじい葛藤の歴史をたどり直すことによって、是非とも、その精神を獲得してほしい。それを願って、私は本書を発表する。

佐高信

二〇一一年九月一六日

# 第一章

# 国家管理という悪夢——国策に取り込まれた電力事業

## 勲章を嫌った民間人

二〇〇六年秋、平岩外四《がいし》（二〇〇七年没）が、桐花大綬章《とうかだいじゅしょう》をもらったというニュースを耳にした瞬間、私はどうにも押さえ切れない憤りを感じた。

どこかしら平然とした顔で勲章をもらったのは、一九七六年に東京電力の六代目社長に就任し、のちに経団連会長となり、隙のない政治力を発揮して産業界を牛耳ってきた、あの平岩外四である。官僚を抱きこみ、政・官・業の鉄のトライアングルを築き上げ、原子力政策を推進してきた張本人でもある。

原発の欠陥を隠蔽するためのデータ改ざん、数々のトラブル隠し、そして世界を震撼《しんかん》させる福島第一原発の人災事故を引き起こした東京電力の変質は、この平岩から始まったと私は見ている。

勲章を嫌った民間人といえば、私はすぐに三人の名前が頭に思い浮かぶ。

真っ先に浮かぶのは、「『民』と『野』の伸長なくして、日本に民主主義は根づかない」と、生涯民の精神を説いた福沢諭吉である。福沢諭吉が官に対する民を徹底主張し、その大事さを説いたのは、官僚国家というものがいかに国を腐敗させ災厄をもたらすものかを見通していたからに他ならない。

次は、その福沢諭吉の門下生で、戦前戦後の動乱期に電力の国家管理に抵抗し、官僚と激しい攻防を繰り広げた「電力の鬼」松永安左エ門だ。福沢の教えを一身に体現し、かつて国家に奪われた電力を民の手に取り戻し、日本の復興を果たした人物である。

そして三人目は、松永とともに電力国管と闘い、今の九電力体制をつくりあげた木川田一隆である。共に、東京電力を興した立役者でもある。

福沢諭吉も松永安左エ門も、民の自由を弾圧する官僚を骨の髄まで嫌っていた。反体制の自由主義を貫いた河合栄治郎を師と仰ぐ木川田も、官僚に真っ向から対した人間である。そんな志を持つ彼らが、お上がくれる勲章など嬉《うれ》しがるわけがない。勲章をもらえば国家に借りを作ることになる。借りを作れば民の自由な精神が損なわれるとして、ギリギリまで勲章を拒否しつづけたツワモノたちである。

松永安左エ門が「官僚は人間のクズである」と豪語し、木川田が「国に電力の主導権を奪われてはならない」と国と徹底抗戦を繰り広げた時代には、民の精神を身体《からだ》を張って守ろうとした企業人がいた。今は慶応の出身者でさえも、喜んで勲章をもらうような人間ばかりである。そうした態度が、ますます官僚国家の腐敗を助長しているとは誰も考えが至らない。

勲章は役所を通じて申請する。電力の場合は通産省（現経産省）である。松永や木川田が勲章を嫌いつづけたのは、彼らが興した電力会社に、そうした役所、および国を介入させないためである。それを木川田の秘蔵っ子といわれた平岩がやすやすともらうとは何事か。一九七六年、木川田がいまわの際に平岩を呼び寄せたのは、ボス松永とともに官僚に抵抗し続けたその遺志を後継者・平岩に伝えようとしたからではなかったか。それを考えると私の腹立たしさは募るばかりであった。

## 勲一等とは？

だいたい勲章は、かつては政治家が一番上位で、次に官僚、そして民間人というランクであった。首相経験者は当然のように勲一等でも最上位のものをもらう。元首相の宇野宗佑が受けたのも、その勲一等であった。俗にいう指三本の芸者スキャンダルで早々に首相を辞めたあの宇野宗佑である。私の郷里は山形県の酒田市で、土門拳という世界的な写真家が生まれたところでもある。その土門氏の最晩年、すでに自分の意思を表明できない病魔に侵されているときに、国は勲章を授与した。土門氏がしっかりとした精神状態にあったなら、きっとそんな勲章は拒否しただろうと私は思っている。その土門氏に国は勲何等を贈ったのか。あの宇野宗佑に勲一等を贈り、世界の写真家に勲四等である。世界に恥ずかしくないのか。いかに文化を知らない国であるかということだ。

平岩の厚顔ぶりに腹の虫がおさまらなかった私は、『週刊東洋経済』のコラムに、かなり激した調子で、「平岩よ、宇野が序列の最上位である勲章などもらって嬉しいか」ということを書いた。

その雑誌が出てしばらくして、平岩と親しい作家の城山三郎から電話があった。平岩が会いたがっているから一緒に会いに行こうというのである。平岩の顔など見たくもなかったが、城山の誘いでは無下に断れない。東電に出かけ、三人で当たり障りのない話をしていると、平岩が唐突に私に言った。

「佐高さん、私は勲章を拒否するほど偉くはないんです」

平岩なりの自戒を込めた言葉だったのだろうが、私には言い訳にしか聞こえなかった。勲章を受けるか拒否するか、それは偉いか偉くないかという話ではない。「木川田さんが生きていたら、あなたはどう申し開きをするつもりか」という言葉が喉元までこみ上げてきたが、言っても無駄だと思い、私は東電を後にした。

この平岩から東電は国家との緊張関係をなくしていったのである。すでに巨大な権力をほしいままにし、経産省の人事にさえ口を出す電力業界のドンたる存在にとって、勲章など取るに足らぬものだったかもしれない。あるいは勲章そのものの価値がもはや地に落ち、優位な天下り先を確保するための官僚の貢物と化していたのかも知れぬ。いずれにせよ、勲章などというものは、国が民間をコントロールするために使う道具に過ぎない。そんなものを受け取ってしまった平岩には、松永安左エ門や木川田一隆が主張し続けた「国家を電力に介入させず」という理念など、過去の遺物に過ぎなかったのだろう。

しかし、今、一〇万人以上の国民が故郷を失い、放射能に脅えながら路頭に迷っている。この責任は誰にあるのか。東京電力を反省のブレーキなき企業にさせてしまった平岩の罪は大きい。役所および国と一体となり、役所の邪悪なところと民間企業の邪悪なところとを合体させ、役所以上に役所的権力を操る東京電力という怪物をつくりあげてしまった。

## 電力国営化の背景

では、なぜ松永や木川田らは、そこまで官僚を嫌ったのか。生涯をかけ、身体を張ってまで電力事業を国の手から守ろうとしたのか。

それはかつて電力事業が国家統制の標的とされ、国家管理の下に置かれた電力が軍部の思惑どおりに戦争に利用されたからに他ならない。そのようなことを二度と起こしてはならないという覚悟と戒めが、企業の責任者として常に彼らにはあった。

松永安左エ門が電力事業に関わった当初は、民間の電力会社がしのぎを削って自由競争する激烈な時代だった。しかし、電気事業の幅を広げようとする松永の前に、ひたひたと国家統制の波が押し寄せてくる。エネルギーを制するものは国家を制する。そんな危険思想が軍部・官僚たちを支配し、電力事業はじわじわと彼らの手に搦《から》め捕られていく。むろん、電力業界は激しく抵抗した。しかし、松永らの抵抗空《むな》しく、国家総動員法と共に公布された電力国家管理法（電力管理法）は、国民の生活安定、国防という大義名分から戦争へと一直線につながっていったのである。

電力国管の背景にはどんな世相があったのか、ここでその時代を振り返ってみよう。

日本が戦争への道をひた走ったといわれる昭和の初めから一〇年代というのは、三月事件、十月事件、血盟団事件、五・一五事件、神兵隊事件、そして二・二六事件と、クーデター、テロの頻発するまさに動乱期であった。その一方で、当時の国内は政財界の腐敗が進み、連日のごとく汚職事件が新聞を賑《にぎ》わせていた。

おりしも昭和四年（一九二九）、ニューヨークのウォール街で起こった株の大暴落の波及で、日本でも昭和恐慌が幕を開けた。あちこちで中小企業が倒れ、失業者が巷《ちまた》にあふれ、農家の娘の身売りが相次ぐ。打ちひしがれる日本経済の中で、財閥だけに富が集中する不公平さに、人々の支配階級への不満が募っていた。労働運動が盛んになり、プロレタリア作家たちが、財閥を中心とする拝金主義者を糾弾し、搾取され迫害される人々の物語を次々と世に送り出した。

その中に、プロレタリア作家・細田民樹の書いた小説『真理の春』（昭和五年）がある。

この小説で、細田は、電力会社の経営者・藤永又左衛門、森井コンツェルンの番頭・生野斉信なる人物を登場させ、米国モルガン財団の関係者を新橋の料亭に招待し、芸者を抱かせて商売を成立させようと図る様を生々しく描いて見せた。汚れきった拝金主義者は金のためなら手段を選ばずという内幕を暴露してみせたわけだ。細田が憎々しげに描写した拝金主義者の二人は誰をモデルにしているのか、当時は誰にもすぐ推測がついた。電力会社の経営者は松永安左エ門、森井コンツェルンの生野は三井財閥の池田成彬《しげあき》である。

この『真理の春』が発表されるやいなや、細田は陸軍参謀本部の若い将校たちに呼び出された。すぐさま軍刀で斬り殺されるのではないかと、戦々恐々として細田は指定の場所に出向くのだが、そこで彼らに、「資本主義の悪を暴いてくださってありがたい」と大変な歓待を受けるのである。

本来ならラディカルな左翼作家と国家統制を推し進める軍部とは、敵対の関係にあるはず。軍部が左翼を褒め称《たた》えるなど、おかしな話だ。なぜこのようなことが起きたのか。両者とも財界の腐敗、汚さを糾弾する点で、互いの利害関係が一致したからである。

こうした「ねじれ」現象が、この時代の空気をさらに不穏なものにさせていった。昭和七年二月に前蔵相・井上準之助が、三月には三井財閥の団琢磨が暗殺され、五・一五事件、二・二六事件などが次々と起こるが、当時の国民の多くは、汚職にまみれ、私利私欲ばかりを追求する政界、財界を憎しと思うあまり、命を張って現状打開の行動を起こした右翼青年や革新将校たちに気持ちの上では喝采を送っていた。

飛ぶ鳥を落とす勢いでのし上がってきた電力王・松永安左エ門が民衆の敵とみなされたのも、こんな時代背景があったからである。

## 昭和研究会

国家統制を図ろうとする軍部は、こうした時代の空気を巧みに読み、利用した。たとえば、当時「昭和研究会」という有識者のグループがあった。昭和研究会とは、近衛文麿の親友である後藤隆之助が昭和八年にはじめた国策研究機関である。このグループは、当時の良識派、進歩的文化人の集まりで、近衛文麿のシンクタンクとして、近衛に献策を行い、それを基に日本を動かそうという目的をもったものであった。

昭和一五年に解散するまでの参加者はのべ三〇〇〇人。メンバーの中心は、蠟山政道、矢部貞治、有馬頼寧、賀屋興宣、高橋亀吉、東畑精一、三木清、笠信太郎、三輪寿壮、風早八十二、清水幾太郎、芦田均、伊藤正徳、西田幾多郎、柳田国男、長谷川如是閑、大河内正敏など。昭和研究会には、ゾルゲ事件で処刑された尾崎秀実、企画院事件で逮捕された稲葉秀三、正木千冬、佐多忠隆、和田耕作らもいて、財界からは「アカの巣窟」とさえ見られていた。

企画院事件とは、昭和一四年から一六年にかけて、多数の企画院職員・調査官や関係者が、コミンテルンおよび日本共産党の目的遂行のために活動したとする治安維持法違反の容疑で逮捕された事件である。この事件は、戦時経済の主導権を握ろうとしていた財界人たちが、軍部と通じた企画院が発表した「経済新体制確立要綱」を、赤化思想の産物と攻撃したことに起因するといわれている。政財界の反発によって、昭和研究会のメンバーが多く関わったこの原案は骨抜きにされ、一七人もの検挙者を出したわけだが、軍部はこうした赤化思想をも巧みに利用していく。

歴史というのはじつに皮肉なもので、軍部の暴走にストップをかけ、財界の腐敗を正し、社会改良をはかろうとした昭和研究会は、あの大政翼賛会に転身していくのである。戦争回避を訴え、反戦活動の拠りどころとして大政翼賛会に参加した左翼分子も自由主義知識人も、「一国一党の強い政治」を目指した結果、それが裏目となって軍国主義をあおり、日本を戦争に突入させるナチスばりの結社形成に手を貸してしまうことになる。

## 「官強民弱」の潮流

細田民樹の『真理の春』で、電力王の松永安左エ門が槍玉《やりだま》に挙げられた話を紹介したが、この時代、政財界の人間は、私利私欲に走る腐敗、堕落しきった人種として、右翼からも左翼からも敵対視されていた。しかし、次第に統制が強まる危うい時代にあっても、松永安左エ門は福沢門下生を自負し、堂々と官を批判し、民主導の精神を唱えていた。

ところが、それまでの松永の蛮勇ぶりに影を落とす出来事が、昭和一二年に起こる。朝日新聞記者・大谷健が昭和五三年に著した『興亡―電力をめぐる政治と経済』は、「長崎事件」と題して、松永を襲った「異常事態」を詳しく伝えている。

昭和一二年といえば、二・二六事件の翌年で、軍国主義が高まりつつあるきな臭い時期だ。一月二三日、松永は、長崎市商工会議所主催の座談会に招かれ、とうとう持論の産業論をぶち上げていた。松永は、商工省が推進していた「産業合理化運動」をこき下ろし、ついには「産業は民間の諸君の自主発奮と努力にまたねばならぬ。官庁に頼るなどはもってのほかで、官吏は人間のクズである。この考えを改めない限りは、日本の発展は望めない」と、聴衆の前で言い切った。

一見、激した論に聞こえるが、これは松永の以前からの持論で、同じことは各地で講演していた。官より民を尊しとする、福沢諭吉の教えでもあった。

しかし、この日、松永の講演を若い内務官僚が聞いていたのである。長崎県水産課長の丸亀秀雄、当時三二歳。丸亀は松永の「官吏は人間のクズ」発言に激怒し、謝罪を要求しようとしたが、上司に制止される。腹の虫の治まらぬ丸亀は、当夜、そして翌朝にも松永と会って謝罪を求め、聞かぬ場合は一発撃ち込むつもりでピストルの手入れをしていた。事情を察知した田中広太郎知事が丸亀に電話をかけ、「松永は傲慢で人に謝るような男ではない。会うのはやめろ」と厳命する。だが、丸亀はこれを無視し、翌朝、松永を宿泊先に訪ねた。そして勢い込んで前日のことを詰問しようとしたところ、松永は静かに座して、「昨日はたいへん失礼な暴言をはきまして、なんとも申し訳ありません。どうぞお許しをお願いします」と、二度にわたって手をつき、額を畳につけて謝った。

気勢を削《そ》がれた格好となった丸亀だが、「全国の官吏を代表する」気負いから、低姿勢の松永に、さらなる謝罪を要求する。知事や部長への正式な陳謝、全国紙、地方紙の一面に謝罪広告を出すなどの条件をつけて、ようやくこの長崎事件は決着を見る。こうして「官吏侮辱事件」は、全国に報道されるに至った。大谷は『興亡』の中で、この事件を次のように解釈している。

「威張りくさるお役人にペコペコ頭を下げるのは町人時代からの日本の商人のお家芸であった。しかし福沢門下であり、傍若無人という言葉を地で行くような松永、しかも六十三歳の老成した財界人が、彼からいえばクチバシの青い田舎の三十二歳の役人に、これだけ小突きまわされたのは、たしかに異常である。しかし、この異常な事件は、いまから思えば、起こるべくして起きたのである」

大谷が「起こるべくして起きた」と書いたのは、何を指してのことか。この長崎事件の四日前の一月一九日に、広田弘毅内閣は、松永らが死守しようとしていた民間主導の自由主義経済を打ち砕く、電力国家管理法案を閣議決定し、衆議院への提出手続きを完了（法案の成立は翌一三年）していたのである。これはまさに官が民を圧した「異常事態」であり、松永を含む民の完全な敗北であった。

時代は、自由主義経済から統制経済へ、民間優位から官僚主導へと移っていく。だが、大谷も指摘しているが、もしもこの官僚侮辱事件で、松永安左エ門が頭を下げず、いつものような傲慢な態度で、この若き官僚の反撃を退けていたら、命を奪われていたかもしれない。松永は本能的にそれを悟り、いつか来るであろう反撃の時を胸の奥深くに刻み、屈辱に耐えたのだろう。

官に屈するなど、福沢門下の松永には耐え難いことであったろうが、「官強民弱」の潮流は、否応なく「電力の鬼」の手足を奪っていったのである。

「クチバシの青い」役人は、意識的にか無意識的にか、政治を牛耳る軍人の力を背景として松永を糾弾した。軍人も「官吏」であり、民間の生きた経済を知らない彼らが、以後、日本を暴走させ、破滅に導くことになる。軍人を含む役人ならぬ厄人が、わがもの顔に振舞う時代が到来した。

## 「電力の鬼」「壱岐の海賊」「財界の共産党」

ここで、松永安左エ門がいかなる人物なのか、明治期に始まる電力の歴史を絡めつつ、駆け足でたどってみよう。

眼光鋭く、細身の長身。電力事業に並々ならぬ情熱を傾け、人々から「電力の鬼」と呼ばれた松永安左エ門は、明治八年（一八七五）、長崎の壱岐島に二代目松永安左エ門の長男として生まれた。生家は、海運業を営む豪商として知られ、幼少の安左エ門は、裸一貫から一代で資産を築いた祖父の影響を強く受けて育ったという。

性格は生来のきかん気で、欲しい物は何でも手に入れなければ気がすまない。しかも、高等小学校に上がるころには、夜這《よば》いをかけるほどの恐ろしい早熟ぶり。安左エ門には祖父譲りの事業の才覚もあったが、同時に「女遊び」にも尋常でない執着振りを見せている。

例えばこんな話があった。二十歳《はたち》のころ松永は、監獄に入っているヤクザの女房と懇《ねんご》ろになり、同棲《どうせい》を始めた。まもなくヤクザが監獄から出てきて、ことが面倒になる。松永は女と二人で命がけの籠城を覚悟した。向こうには子分もいるし、松永は六連発のピストルを手に入れて襲撃に備えたが、危機一髪で壱岐の顔役が割って入り、女がヤクザとも松永とも別れて故郷に帰るということで一件落着した。しかし、そうなるまでのほぼ一ヵ月間、部屋から一歩も外に出ることができなかった女の大小便の世話まで松永はやったという。松永らしい、なんとも豪気なエピソードである。

生まれ故郷の壱岐に話が及ぶと、「元寇のとき元の兵士が壱岐の女を暴行して子が生まれた。私はその子孫でしょう」と冗談とも真面目ともつかぬ顔で語ったという。松永が、「電力の鬼」のみならず、「壱岐の海賊」「財界の共産党」などという冠をつけられたのも、こうした九州男児の侠気《おとこぎ》からだろう。

## 『学問のすゝめ』との出会い

少年の頃、安左エ門は、福沢諭吉の『学問のすゝめ』を読んで、いたく感激し、福沢諭吉の慶応義塾で学ぼうと決心する。家の後継ぎである長男が家を離れるなど絶対に許さぬという父親には、ハンガーストライキで抵抗。こうと決めたら何日経《た》っても頑として食事をとろうとしない安左エ門に、ついに父親が折れて、念願の慶応義塾に入る。

松永には『人間 福沢諭吉』と題した本がある。松永が九〇歳のときに出したものだが、冒頭の逸話からして面白い。

ある日、松永は校庭で教師に出会い、足をそろえて、ていねいにおじぎをした。ところが、まだ頭を上げないうちに、後ろからポンポンと背中を叩《たた》く者がいた。振り返ると、六〇歳近い老人がむずかしい顔をして立っている。そして、こう言われた。

「お前さんは今、そこで何をしているんだね」

尋ねられた松永が、「先生にお辞儀をしました」と答えると、その老人は、

「いや、それはいかんね。うちでは教える人に途中で逢《あ》ったぐらいで、いちいちお辞儀をせんでもいいんだ。そんなことを始めてもらっちゃこまる」

と注意をした。これが「着流しに角帯、股引《ももひき》履きに尻ッぱしょりという姿の福沢先生」だったのである。福沢は、朝の散歩を欠かさなかったが、この散歩に塾生や卒業生が加わり、経済のこと、教育のことなど、さまざまなことを話した。無論安左エ門もこの「散歩党」に加わって、師の言葉に耳を傾けた一人である。

「あの比類をみぬおおらかな人間味、あの闊達《かったつ》自在な庶民性をいささかでも没却し去るこ

とになってはならぬ」と、松永は自著で強調する。福沢の門下生は数多いが、福沢精神を体現した門人の筆頭は、「電力の鬼」松永安左エ門だと私は考える。

父親が亡くなり、安左エ門は故郷に帰って三年間家業を継ぎ、金儲《かねもう》けや道楽を経験し、また慶応に復学する。しかし、学校がつまらなくなり、福沢に相談すると、「学校の卒業など大した意義はない。そういう気持ちなら社会に出なさい」と言われ、社会に飛び出すことになる。そこからの安左エ門の人生はまさに波瀾万丈《はらんばんじょう》だ。

三井呉服店（三越）の売り子、散歩党仲間の福沢桃介の斡旋《あっせん》で入った日本銀行、さらに桃介と組んだ事業の失敗、倒産。次に「儲かるものは何でも売る」ゼネラルブローカーとなって商売を広げ、松永は石炭販売事業に手を出し、一時は荒業で破格の儲けを手にしたが、不良石炭山をつかまされ、持ち株が暴落したことで無一文になってしまう。しかし、松永は不屈である。この時のことを「自分を見直すいい機会になった」と、後に「私の履歴書」に書いている。

## 電力戦争

明治四一年、松永に転機が訪れる。終生の事業となる電力との関わりである。日本で最初につくられた電力会社は、東京電力の前身の東京電燈で、設立は明治一六年（一八八三）。エジソンが白熱電球の実用化に成功したのが一八七九年だから、世界への普及は驚くべき速さだ。当時は東京電燈の会社の規模も小さく、電燈の仕事も官邸や劇場等の社交場の照明などに限られていたが、日清・日露の戦争好景気で、電気の需要は急速に伸びていく。松永安左エ門が電力事業に関わった明治四〇年頃には、全国で一〇〇社以上、昭和七年には八〇〇社以上が乱立するようになる。当然、電力事業者同士の競争は激化する。その中で、松永は頭角を現していく。

皮切りは、知人に頼まれ、広滝水力発電の監査役に就任したことで、福岡市内に電気軌道（市電）を走らせることを企画し、福博電気軌道を設立。これが事業の拠点となり、苦戦を強いられていた福沢桃介が経営する名古屋電燈の再建に乗り出す。松永は関西水力電気と名古屋電燈を合併させ、関西電気を発足。続いて九州電燈鉄道と関西電気を統合し、東邦電力を設立し、東京に乗り出していく。

世にいう「電力戦争」の始まりだ。松永の東京進出を迎え撃ったのが東京電燈で、松永は群馬電力と早川電力を合併させた東京電力（東邦電力の子会社で、現東京電力とは別会社）を盾に攻勢に出た。三井財閥の池田成彬の仲介によって、昭和二年に「東電・東力戦争」と呼ばれた覇権争いは収束を見て、新会社、東京電燈が発足。東京電燈の新社長には若尾璋八が、取締役営業部長には小林一三が就任した。

池田成彬の思惑で、松永安左エ門の新社長就任はならなかったが、この電力戦争の攻防劇は、「電力の鬼」の辣腕を電力業界に知らしめることになったのである。

さて、松永安左エ門と木川田一隆の最初の接点は、この電力戦争のさなかにあった。大正一五年、東大を卒業した木川田が東京電燈に入社してくるが、このとき会社は東京電力の松永に仕掛けられた攻撃で戦々恐々の状態だった。戦後、絶妙のタッグを組んで国と闘うことになる松永・木川田は、最初は敵対関係にあったわけである。

後に、木川田は「私の履歴書」の中で、この東電・東力戦争に触れ、「その猛攻ぶりはすさまじく、一厘一毛の電気料金を争って、一晩のうちに田んぼの中に工場らしいものを作って、攻撃の拠点とするといったきわどい作戦に出てきた」「松永翁の野武士的戦法にはなかなか手ごわいものがあった」と、松永の「電力の鬼」たる闘いぶりを活写している。そして、入社したばかりの若い木川田には、激しく繰り広げられる電力戦争は「戦国時代」も同様だったと述懐する。

「当時の電気事業は乱立をきわめ、弱肉強食の世界だった。戦国時代の常として、松永さんをはじめ、福沢桃介、増田次郎、池尾芳蔵、林安繁の各氏等、電力界には英雄が雲のごとくわいた」

昭和に入り、革新官僚たちの「電力国有化」論が台頭してくると、松永の敵は官僚たちへと鮮明に切り替わる。松永の人生の中で、このときほど官に抗する福沢諭吉の精神を体現し、自らを奮い立たせたときはなかったのではあるまいか。「国有化されれば、自由な企業家精神は死ぬ」と、電力国有化反対の立場を貫いたのだった。

時代は流れ、松永が九〇歳を過ぎたある年に、電力関係の祝賀会が開かれた時、通産（現経産）大臣の代理が出ている席を見ながら、松永翁はこう言い放った。

「僕は、今日は電力一筋に生きてきた者としてあいさつするのだが、通産大臣は電力に対して何の功労があるのか。その大臣の席が僕の上席にある。こんなことでは、電力界は日本のエネルギーパワーを背負って、大衆のために灯りをつけることはできぬ。電力界は役人の奴隷になっているのか」

役人に媚《こび》を売るなど、企業家精神を売り渡すようなものだという松永安左エ門の闘魂は、九〇歳を過ぎても、いささかも揺らいでいなかった。国家対電力の闘争、その緊張感は、松永の中で消えることなく続いていたのである。

## 電力国家管理法のモデルはナチスの「動力経済法」

電力国営論は、じつは大正時代からあった。大正七年から一〇年までの原敬内閣のときに、電力国営案が初めて国会で検討されている。貴族院のある議員に、「将来、電気事業は国営とすべきものと思うが、逓信大臣の所見はいかがか」と、質問され、逓信大臣の野田卯太郎が「電気事業の趨勢を見るときは、自分もまた仰せのごとき状況に進みつつあると思う。逓信省としては、いかなる状態に到達しても差し支えないように調査・準備を進めつつある」と答えている。

これが国会の議事録に載った最初である。そして、逓信省官僚たちの具体的な調査が始まり、電力を国営化するための原案が着々と整えられていく。

革新官僚たちが作った「電力国家管理法案」とは何かといえば、一九三五年にナチスの作ったエネルギー事業法のコピーなのである。正しくは「動力経済法」と呼ばれるものだが、これこそ戦争を遂行するためのナチスのエネルギー・コントロール法に他ならない。

平和な今の時代から見れば、なぜ日本がナチスの法律を取り入れたのかと疑問に思うだろうが、ナチス国家が犯したユダヤ人大量虐殺の実態が明らかになったのは戦後のことだ。ドイツは、一九三三年にヒトラーの独裁国家が誕生するや、次々と新法案を打ち出し、強い国家の目覚ましい躍進を世界にアピールしていた。

二・二六事件以来、日本経済は不況から悪性インフレに転じていて、政治家、官僚、学者たちも含め、その脱却策を模索していた。その中で注目を浴びたのが、ナチスのファッショ的統制経済と、ソ連の国家計画委員会の計画経済であった。

先述した大谷の『興亡』には、関東軍参謀副長の石原莞爾が、日産コンツェルンの創始者鮎川義介に、ソ連の国家計画委員会の研究を模して作成した「満州産業開発五ヵ年計画」を見せたという話が紹介されている。関東軍の幹部が仮想敵国、共産圏・ソ連の国策を模倣するとは何とも不可解な話だが、じつはこの時代、官僚たちがこぞって立案していた経済統制の法律のほとんどは、スターリンのソ連かドイツのヒトラー独裁国家の法律のコピーだったのである。

昭和恐慌から始まった深刻な不況、失業者の増大、そして相次ぐ政財界の汚職事件に見る腐敗、堕落ぶりに、官僚たちは自由主義経済の限界を感じていた。このままでは日本の未来はない、強いリーダーの下、国を立て直さなければという使命感で世界を見れば、ヒトラーとスターリンが綺羅星《きらぼし》のごとく輝いていた。

資本主義は、不平等と堕落した拝金主義者を生むばかり、国家を統制するためには自由を規制する管理、統制が必要だという考えが、官僚たちを支配しつつあった。ヒトラーとスターリンという右と左の独裁者は、その巧みなプロパガンダと統制戦略で、自国民の洗脳だけでなく、他国の革新派にも多大な影響を与えていたのである。

私はいつも、クリーンなタカ派よりはダーティでもハト派をと強調している。なぜかといえば、クリーンを重視する余り、自由を軽視しがちになるからだ。この時代は統制や計画が好きなタカ派が、ダーティとか放縦と見られる自由を圧殺していった時代だった。

## 革新官僚の台頭――奥村喜和男『電力国策の全貌』

こうした風潮の中で、電力国管化を推し進めたのは近衛文麿内閣下、商工省の岸信介、椎名悦三郎、大蔵省の迫水《さこみず》久常などであるが、実際の青写真を作成したのは、逓信省の奥村喜和男、大和田悌二などの気鋭の革新官僚たちであった。彼らには、腐敗した資本主義を葬るべしという強い使命感と、新しい統制経済への野望があった。

戦前、彼らの著した書物には、国家統制への並々ならぬ情熱が窺《うかが》えて興味深い。ドイツ、ソ連に限らず、世界各国の経済、とくにエネルギー事業の実態について、彼らはじつに詳しく調査・研究を重ねている。もっとも、その視点は決してニュートラルなものではなく、列国での経済統制、電力統制がどのように進んでいるかという点が分析の最重要課題であることは否めない。

たとえば、電力国家管理法案が成立する以前、昭和一一年に発行された、内閣調査官・奥村喜和男による『電力国策の全貌』という書物がある。

「躍進日本は今、強く庶政の一新を欲求して居る。日本民族は、発展し成長し躍進せねばならぬ」という勇ましい一文から始まる奥村の著作は、電気の発見の起源を説き、大正時代から繰り返されてきた電力国営問題の歴史を振り返りつつ、いかに今この時代に電力国営が「最大重要国策」として求められるかを、熱烈に力説する。そして今回の国営論は従来のものとは根本的に異なった革新舞台の上に登場したもので、決して電力事業の行き詰まりを政府に肩替りさせようといった不純な動機ではないと自論の正当性を主張する。内容の一部を抜粋しよう。

「然《しか》らば、如何《いか》なる理由で今日事新しく国営問題が起つて来たかと言ふに、日本はその当面せる国内及び国際情勢上庶政の一新を行はねばならぬ、即《すなわ》ち国民生活の負担を軽減してその生活内容を向上せしめねばならぬ。産業を大いに振興して貿易を一層発展せしめねばならぬ。

（中略）斯様《かよう》な認識に立つとき電力国営がこの際断行すべき最大且つ効果的の問題となるのである。何となれば、電力は今や国民生活の必需たるのみならず、産業発展の根基であり、ひいては国防力構成上の重要要素なるが故である」

そうぶち上げた奥村は、「営利を第一義とし、公益を第二義とするやうな経営形態は電力事業に限らずこれから以後、国家の重要産業には不適当である」と断じ、自由主義経済下にある電力事業の欠陥を徹底的にあげつらった。

一、水力資源の合理的開発困難なること

二、料金を低廉ならしめ且つ有効適切なる料金政策を実行し難きこと

三、電力設備、電力事業、その他経営方面に対して徹底的統制監督を行ふの困難なること

四、国防目的の達成に支障あること

五、農村政策の実行困難なること

奥村の『電力国策の全貌』を読んでなるほどと思うのは、彼は革新官僚であって、革命官僚ではないということだ。革新することによって革命を防ぐ、つまり革新とは革命の安全弁だという考え方、姿勢が一貫している。当時、乱立していた電力会社の経営主体は、資源の開発を分裂ならしめているという批判が高まっていた。

当時は水力発電が主であったわけだが、水力資源は国家のものであって営利会社に私有

させていいのかという批判もあった。国民生活、産業発展、国防と、この三つの視点から考えると、電力は国家管理のほうがいいのだという考え方は、国防そのものを問題にしなければ一応理にかなっていたともいえる。

著書の中で奥村は、電力国営案の構成要素として「思想は＝国家は管理へ、資本家は所有へ　目的は＝低廉なる電力を豊富に　主義は＝発送電経営を公益的に」を挙げ、利点を次のように記述している。

一、国家の意思通りに発送電事業を管理し得ること
二、発送電設備の全国的統一聯系《れんけい》を構成し得ること
三、民間資金の豊富且つ自由なる調達を図り得ること
四、発送電に関して他の利水、土地使用その他との利害関係を調整し得ること

今読めば、真っ向から資本主義を否定するファッショきわまる文言が並んでいるが、革新官僚たちにとっては、日本が世界に躍進するためにはこの道しかないという確信に満ちた政策案であった。

## 電力国策要旨

『電力国策の全貌』には、英国、米国、ドイツ、フランス、ソ連など、列国の電力政策のレポートも付記されているが、では、同書はアメリカをどう見ていたのだろうか。

アメリカの電力事情に関しては、世界最大の電気事業国としながら、従来の商業的経営を「自由放任主義」で、まったく学ぶべきところはなしと、まず切って捨てる。そのうえで、現ルーズベルト政権が推し進める国家統制にエールを送っている。従来の資本的支配力を排除し、消費者の利益を主眼とする国家的統制力によって、料金の低下並びに電力利用の普遍化を図る公益事業法を、「正《まさ》に電力政策の大旋回」と讃《たた》えているのである。

いうまでもなく、この公益事業法はニューディール政策の一環だが、こうして見ると、世界的な恐慌が吹き荒れた中、資本主義、自由経済の限界、不便さをどの国も痛感しており、一九三〇年〜四〇年代は、私益を否定し公益ならぬ国益を優先する「統制経済」こそが、国の未来を切り開く最良の手段として認知されていたことがよくわかる。

ドイツに限らず、イタリア、英国、フランスも国家統制を強めていたが、ソ連の脅威に備えて東ヨーロッパ諸国にもファシズムがはびこった時代である。

ドイツのヒトラー政権下、一九三五年に成立した「動力経済法」に関しては、同書は詳しくページを割いている。従来ドイツの電気事業は、国営、州営、市町村営、公私共同経営等々、種々雑多であり、その多くは収益を目的とした配電業者であったが、現在は近代的大規模な発送電が、多く国営、州営で、株式会社組織によって経営されている。すなわち可及的安価なる電力を、可及的豊富に且つ確実に供給するためには、収益主義より公益主義に転換させることが望ましいということで、動力経済法が制定されたのであるという。

第一次大戦中、ドイツでは電気事業の国有国営が増えたが、官僚的経営による浪費が大きくなった。それを匡正《きようせい》すべく、この法律によって株式会社組織に改めて私人の経営能力を生かし、国、州、または共同団体が五一％以上の株を保有して支配力は持つことにした。つまり、所有（資本）は「官」だが、運営は「民」という、官強民弱の体制である。このシステムを取り込んだナチスの動力経済法を、「資本公有の長所と商業的経営方法の長所とを、最も完全に併有する」理想的な電力政策として賛美している。

小島直記著『鬼才縦横』の中にも、こうした主義主張を裏付ける、興味深いエピソードが書かれている。

電力国家管理法案がまだ完成しない昭和一〇年一二月初旬、調査局長官・吉田茂は、奥村に「高橋蔵相が電力国営について非常な熱意をもち、電力のためなら数億の公債を出してもよいといっておられる」と伝えた。すると奥村は、それははなはだ結構なことだとしつつも、公債はとても数億では足りない、おそらく十数億はかかるだろうと意見を述べ、「しかし私は今、公債を出さずにすむ案を研究中です」と答える。

そして、数日後に吉田に見せたのが「電力問題解決の鍵」である。鍵は二つあり、一つは、強力内閣の出現。二つ目は、国営実行と電力設備の所有権移転とを不可分に考慮しないこと。

「元来、国営とは国家の管理を意味する。国家の管理は何もこれに要する設備の所有を意味するものではない。管理と所有とはこれを分離して考慮し得るのみならず、将来における経済機構の趨向《すうこう》としては、管理は国家の手に、所有は資本家の手において為《な》さるべきものである」

よどみない奥村の説明に、吉田は「名案である」と誉《ほ》めた、とある。

奥村の示したこの案こそが、「資本公有の長所と商業的経営方法の長所とを併有させた」ナチスドイツの動力経済法を基軸にしたものだった。この奥村案は吉田によってさっそく高橋是清蔵相に伝えられ、高橋も非常に乗り気になっていたという。

しかし、翌年の二・二六事件によって奥村が高橋蔵相に会う機会は永遠に失われることになる。高橋は、「陸軍は予算をやると、すぐ戦争をしたがる」と喝破し、軍部との距離を置こうとしていた蔵相である。奥村の案を具体的に知れば、高橋はそれに強く反対していただろう。国家管理はまさに軍部を膨張させ、国家財政を破綻させるものだったからである。その高橋亡き後、同年一二月に書き上げた奥村の「電力国策要旨」は、陸軍側の調査官・鈴木貞一大佐に届けられた。軍事費の増大を図る軍部が、この国策によるエネルギー・コントロール案に乗り気にならぬはずがない。

「電力国策要旨」は四項からなり、要約すると以下のような内容になる。

第一項は、低廉かつ豊富な電力の供給を図ること。

第二項は、発電および送電事業は国営の下に置き、配電事業は従来のごとく私営、公営たらしめること。

第三項は、その具体的方法として、発送電事業は全国的に政府が管掌、そのために要する発送電用設備の所有は民間資本をもって為さしめること。発送電事業用の諸設備は、特殊の株式会社をして提供せしめること。

第四項は、「特殊株式会社」とは何かの説明。現在の電気事業者から発送電設備に該当する固定資産を現物出資させるほか、政府の現金出資と、民間からの公募資金とから構成させる。

日本国内すべての発送電設備を、この「特殊株式会社」の所有にし、運営はことごとく政府の運営によって行うとした、奥村の「電力国策要旨」は、案の定、陸軍内で経済政策通として知られる鈴木貞一大佐から高く評価された。

「軍事費が膨脹《ぼうちょう》しつつあるとき、公債の発行を避けている点最も妙味がある」と、奥村案を強くバックアップする側に立ったのである。

## 官か、民か、新聞でも激論

官か、民か。当時の新聞には、反対・賛成も含め、電力国営化の是非を問う記事が頻繁に掲載されていた。次に挙げるのは、電力国営論に懐疑的な当時のある新聞の社説だ。

「国営にすれば電力が安くなるというが、これはやってみなければわからない。が他の官業の実績に徴して推定すれば、蔽《おお》うべからざる不能率を発見するのみか、産業の官僚的支配が、結局するところ古手官吏の仕事場の拡張になりやすいことは世間の常識である。公平にして冷静なる観察者が、官僚立案にかかるこの案ににわかに賛成しないのは案自体の内容如何《いかん》よりも、官僚政治にあきたらざるものがあるからではなかろうか。

官僚群は自らの興奮の中に独善主義を振り回さんとする。政党の信用が低落したりとはいえ、独善主義の官僚にあっさりと白紙委任状を渡し、産業まで委《まか》せうるかどうか。これは電力の問題のみに限らない」

あるとき、宇治川電気の林安繁社長が大阪毎日新聞と東京日日新聞に、国営化反対論を発表したが、奥村喜和男は、『電力国策の全貌』の中で、「林宇治電社長に答ふ」と題して、かなり激しく反論している。

「林氏は、今回の電力国営策――正確に言へば、発送電事業の民有国営案――を目して、未だかつて見ないフアツシヨ的国家統制案なりとして、これが立案の衝に当つた官吏の根本動機をなす思想を種々推測され『政党が絶大な勢力を得、ために官僚は一時その存在を認められなかつた状勢に置かれた。その反動が若い官僚を憤慨奮起せしめたので』あつて、今や『新官僚をして資本主義を打倒し、官権拡張を計り、フアツシヨ気分となり、ロシア、イタリー、ドイツの国勢の強度化並《ならび》に、国家統制が如何にも痛快にも見えるので、自由主義、資本主義の長所を忘れて一気にこれを打倒せんとする考が新官僚の頭脳を支配し、これらの人達が今の諸官省の中堅となり、すべての産業を国家統制に誘導せんとする思潮の流れとなつたのであり、軍部にあつても国防上国家統制を利益としてこゝに沛然《はいぜん》として国家権力万能主義が生れたのである』と冒頭に断じられてその所論を進められて居る」と、林社長の言い分を紹介した後に、反撃に出る。

そのままでは硬くて読みにくいので、要約しよう。

まず林社長の論理を「あまりの偏見に啞然《あぜん》とするのみ。こんな空疎な時代錯誤的統制経済観しかもてないのは嘆かわしい」として、「自分たち若き官僚は国家の発展と基盤の回復に貢献したいとの念に燃えるのみ。官権の拡張を図ろうなどという末梢的希望などさらさらない。いわんや、ロシア、イタリー、ドイツ諸国の圧政的政治を移入するようなことはあろうはずがない。ただひたすらに、国体の精華を奉戴して一君万民の政治の実現に粉骨砕身せんと欲するのみである」と、気炎を上げつつ、電力国営化の正当性を切々と説くのである。

今読めば、宇治川電気の林社長の言葉は、まさにあの時代の官僚たちの気分を言い当てていて、痛快である。東京電力が福島の原発事故を起こしたときに、ここまで痛烈な批判意見を載せた大手の新聞があっただろうか。新聞もテレビも、マスコミはみな原子力ムラという権力の番犬に成り下がってはいなかったか。御用新聞に御用テレビ、そして御用学者の「安全、大丈夫」の連呼で、事故の本質を見えにくくしたマスコミの責任は大きい。

ファッショの風が吹き荒れる中、劣勢とはいえ、少なくともこうした反対論が新聞に掲載され、国家対電力という闘争の存在が人々の目に見えるところにあった。

もっとも、軍部と組んだ革新官僚たちの巧みな言論操作で、国営反対論はしだいに潰され、小林一三や松永安左エ門らが率いる電力業界への政治的圧力はさらに高まっていく。

## 「選ばれた敵役」の松永安左エ門

二・二六事件の後、内閣は目まぐるしく変わる。二・二六の後始末を受けた広田内閣の次に組閣された宇垣内閣が流れ、陸軍大将林銑十郎内閣も祭政一致の方針を持ち出すが財界人の協力が得られず、わずか四ヵ月で瓦解。こうして、昭和一二年六月に第一次近衛内閣が誕生する。逓信大臣・永井柳太郎のもと、いよいよ電力国営案は、法律の制定に向けて動き出す。

永井逓信相は、まずは国営案を慎重に研究するべしと、自分も参加している国策研究会を動かす。その国策研究会から「電力国策要綱」の提出を受けた永井逓信相は、ここで一気に電力問題に片をつけたいという野望を胸に秘めてはいたが、広田内閣の時に、逓信大臣・頼母木桂吉が内閣調査官・奥村喜和男の構想をもとに電力の国営民有を強行しようとした結果、電力業界との摩擦を引き起こしたと考え、国営案に反対する事業者たちを何とか懐柔し妥協を図ろうとする。その結果、「官民協力」の姿勢を表明した、臨時電力調査会が発足することになる。

調査会の委員選考には、時代の要求に理解があること、民間の意思を尊重するため、民間側の委員を入れる、といった方針が取られた。委員の中に反対派の急先鋒・松永安左エ門の名が入っていたことは言うまでもない。委員には五大電力会社社長が顔を揃《そろ》えた。東京電燈・小林一三、大同電力・増田次郎、日本電力・池尾芳蔵、宇治川電気・林安繁、そして東邦電力の松永である。まさに国家対電力を象徴する、「選ばれた敵役」というべき顔ぶれが一堂に揃ったのである。

小島直記は、戦前戦後の国家対電力業界の闘争、とくに松永安左エ門の動向に関しては、じつに詳しく『松永安左エ門の生涯』（『小島直記伝記文学全集』第七巻）に書き記している。臨時電力調査会での統制派対業界の具体的な攻防が記されているので、要約して紹介しながら検討していきたい。

**統制派vs.電力業界**

調査会では、さかんに論議が交わされたが、そのポイントは四つあった。

統制派の第一の論拠は、「電気は空気、水、光線とおなじで、これを営利事業の対象にすべきではない。国営に移して強力な統制の下におき、平時には国民生活の安定、一朝有事の際は国防やこれに必要な産業の需要に当てるべきである」というもの。

いかにも例外的に「一朝有事の際は」などと言っているが、これは詭弁《きべん》もいいところで、時代はすでに戦時下の非常時に入っている。つまり国営以外、選択肢はないといっているも同然なのが政府側の主張である。

これに対する業界代表の反論。

「電気は、その発生に巨大な資本を要するから、空気、水、光線と同一視することはできない。また、国家社会主義的統制を加えるべきか、自由主義的経済政策をとるべきかは議論のわかれるところ、かりに前者がよいとしても、電力事業のみを国営にして、他の産業を放置するのは片手落ちだ」

統制派の第二の論拠は、「電気は本来営利の対象とすべきものでないから、現在の電気事業に将来の発展性があり、採算も十分とれるということは、国営不要の理由にならない」というもの。

これに対する業界の反論。

「事業の採算を問題とせぬというが、事業の採算が取れるというのは合理的に運営されている証拠で、国営となっても、その運営が合理的に行われなければ、国民の負担はむしろ重くなる」

統制派の第三の論拠。

「国営による大規模な発送電計画は、水力の合理的な開発、利用、広範囲の需給調節等によって、そのコストを、したがってまた電気料金をかならず低下させる」

業界の反論。

「綜合的《そうごうてき》な水利の利用、広範囲の需給調整は、国営にしなくても現行電気事業法の改正ないしは運用によって実現できる。現在の経営組織に本質的な不合理があるのではないのだ」

統制派の第四の論拠。

「農村振興や特殊工業助成など重要政策をなしとげるには、国家統制によって業態別に社会政策、産業政策的電力供給を行わなければならない」

業界の反論。

「農村振興や特殊事業の助成等はただ単に電力の供給だけによって達成できるものではない。それぞれに必要な他の政策を考えず、電力政策だけでできるというのは認識不足だ」

電力業界を何としても統制下に置きたい政府と業界側の激論は、数度開かれた調査会でも決着を見ることはなく、ラチが明かぬと見た政府側が一方的に閉会宣言をした。

昭和一五年九月に出版された、大和田悌二が著した『電力国家管理論集』は、電力国家管理法が成立するまでの動向、道のりを記した出版物だが、ここにも臨時電力調査会の模様が記されている。大和田悌二は、最初は電力事情に関してはまったくの素人であったらしい。広田内閣の時に、頼母木遞信相が、「革新政策はあまりものを知りすぎるとかえって不都合なことがある。官吏は頭の良さだけでは不十分。粘りの強い、迫力のある、しかも頭のいい人間が適格」と、奥村の推薦する大和田の起用に踏み切ったという経緯がある。それから奥村のもと勉強を重ね、分厚い電力国営論を書くまでに到ったらしい。

この大和田の記述によれば、調査会で最後まで頑《かたく》なに反対を通していたのは、日本電力の池尾芳蔵と、東邦電力の松永安左エ門だったという。

松永らは、発送電の国管に反対する理由として、「本案が平時的統制形態を企図するに急なる為《ため》に却《かえ》つて現下の非常時局に際し、生産力拡充の国策と背馳《はいち》するの結果を招来すべし」つまり、国営化を急ぎすぎると却って非常時の生産拡充の妨げになると反駁《はんばく》。さらに「本案に依れば既存の企業の一部を強制的に割取すること、なり、法的に不合理にして、一般財界に不安を与へる虞《おそれ》あり」と国の強硬姿勢に抗議した、とある。

大和田は傍聴していた役人たちの声も拾っているが、政府側が根気よく説得するにもかかわらず「口を塞ぎ耳を覆ふて頑として応じない。病気でもないのに服薬の必要はないといふ恰好《かつこう》が当業者だつた」、「物欲我執は智慧《ちえ》の眼を眩《くら》ます」などと、業者側に立った声は何一つなし。どの道結果は見えているとほとんどが業者を嘲笑する声ばかりだった。大和田のボスの永井逓信相にしてみても、「官民協力」などと穏健な姿勢を表明しているが、臨時電力調査会はすでに結論ありきで、松永たちに最後の抵抗の場を与えたに過ぎないのだろう。その意を汲《く》んでか、大和田のこの項の締めは勇ましい。

「電力問題も明けて足掛三年になる。三年座れば石でも温まる、もう無用な疑心暗鬼も消え、関係者の心構も出来てゐる筈《はず》である。懸案の官民委員会も終了したし、いよいよ帝国議会の審議を残すばかりである。帝国未曾有の一大時局は益々《ますます》進展してゐる。国力増進の為、調整すべき、あらゆる機能はこれを完成して待機を必要とする。サア、いよいよ今年は千里を跳んで千里を帰る虎の年だ」

調査会が閉会された後に、電力連盟は、五大電力会社共同計算試案を作成し、永井逓信相に提出、最後の一石を投じたものの、効き目はまったくなかった。

## 抵抗むなしく「電力国家管理法」が成立

翌昭和一三年三月、「国家総動員法」とともに、ついに「電力国家管理法」が成立。奥村が「特殊株式会社」として「電力国策要旨」に掲げていた国営電力会社は、「日本発送電株式会社」として昭和一四年四月にスタートする。日本発送電株式会社（日発）は軍部、革新官僚たちの期待を背負い、好調な滑り出しを見せた。

電力国家管理法成立後も、電力業界の抵抗はないわけではなかった。しかし、政府側はその力をきっちりと業界に見せつける。昭和一三年六月、電力連盟書記長・松根宗一を、電力業界がばらまいた政治資金の仕掛人という嫌疑で逮捕するのである。あきらかに警察官僚のでっち上げであった。松根は、戦後、経団連エネルギー対策委員長となる人物だが、この時は電力業界の回し者として「見せしめ」のため投獄された。『興亡』の著者・大谷健が、松根本人に投獄された当時のことを聞いている。松根の言葉を引こう。

「何の証拠もない。ただ、当時は政府に反対するとこんなことをしたもんだ。つかまえることで無言の圧力を加えるんだ。拷問はされなかったが、二ヵ月の留置場暮らしをさせられた。さすがに釈放はしてくれたが、何もしないのにくさい飯をくわされ、腹が立って仕方がない」

やっと釈放された松根のために新橋で慰労会をしてやったのが、松永安左エ門であった。松永は松根をこう激励したという。

「松根君、人間は死ぬような病気の経験もなく、命がけの恋愛をせず、くさい飯をくったことがないのでは大した人間にはなれぬ。君は願ってもない経験をしたのだ」

それがどんな過酷なことであれ、命がけの人生体験こそが、人間の血肉になるものだという哲学を、松永は一貫して持っていた。これは福沢の教えというよりは、彼自身が怒濤《どとう》の人生経験の中で培った人生哲学であろう。

## 近衛嫌い

話は少し脇道にそれるが、松永は、ある理由から近衛文麿という人間をたいそう嫌っていた。その近衛文麿が首相の時に、強引に電力国家管理法を通したわけであるから、公私共に恨みは深かったのではないかと思う。近衛が、四七歳という若さで首相になると、松永は「あの男はいかん、信用できん」と、苦い顔で周囲に漏らしていたという。

昔、松永が近衛と親しかった時期がある。大正八年の春、ベルギーのブリュッセルで開かれた万国国会議員商事会議に出席した松永は、第一次大戦の講和会議に随員としてやってきた近衛と意気投合する。当時、近衛は二九歳、松永は四五歳。

帰国の途中、ロンドンに寄り、二人で女遊びをしようということになった。滞在中のあるとき、彼らは二人の娼婦に「次の金曜日に来る」と約束。ところが約束の日になると、近衛は疲れたから行かないと言う。仕方なく松永は一人で出かけるが、待っていた女から、日本の貴族は嘘《うそ》つきだ、英国の貴族は女との約束は絶対守る、自分は他の約束をすべて断って待っていたのにどうしてくれるのだと詰め寄られた。松永は困って、近衛の分も金を払うと申し出たが、その女は「あなたからもらう理由《いわれ》はない」と拒否。「二度と近衛には会いたくない。あの男を心から軽蔑する」と吐き捨てた。

後味の悪い思いで松永が帰ってくると、疲れて寝ているはずの近衛がいない。松永に嘘をついて別の女のところに行っていたのである。「何という男か」と松永は思った。他の女のところに行きたくなったのなら、それはかまわない。そう言えばいい。友人である自分にも嘘をつき、女をも欺く。この男は信用できない、と松永は肝に銘じた。

だから、この時から二〇年近く後に、国民の圧倒的な支持を受けて近衛が首相になったときは、やりきれない気持ちであったろう。近衛内閣が誕生したその日に、松永が「浮かれ革新めが！」と、一言のもとに切り捨てたという話は、松永安左エ門の伝記には必ず登場する、有名な逸話である。その「浮かれ革新」こそが日本を駄目にする最大のガンになるという松永の予測は、まさに的中する。

案の定、「浮かれ革新」のシンボルの近衛は、軍部を押さえられずに、電力の国家管理を推し進め、軍部独走の道を開いていく。女の問題で見せた近衛の無責任さ、調子のよさは、松永らが身体を張って築き上げてきた電力業界の息の根を止め、日本から自由を奪っていったのである。

近衛文麿が首相になった頃、松永はアメリカの友人ラモントから、こう忠告されていた。

「国営の下に役人どもが電気事業をやってもうまくいくはずがないが、さらに肝心なことは、民営でなければ大きな人物が育たない。実業人を育て上げるうえからも国営に私は反対する。軍部政権ができたら、必ず電力国営を持ち出してくるだろう。君は電力人であり、古くからの友人で、僕の信頼する人だ。形勢はだんだん悪化するだろうが、君はこれらと闘って、政府の手に電力を渡すな」

さすが松永の友人である。彼の言葉に力を得て、松永は深くうなずいたに違いない。誰が相手でも松永はひるむことなく迫ったが、とくに近衛には辛辣だった。

陸軍大臣の東条英機や海軍大臣の及川古志郎などのいる前で、首相の近衛に、「あなたたちは、大きな戦争をするつもりで電力事業を国営にしようと考えているのだろうが、それは、国をあやまらせることになるのではないか」と言い放ち、軍の怒りを買ったこともある。

## 松永の予言どおり、日発の頓挫

日本一の資本金を持つ大国策会社として、鳴り物入りで発足した日本発送電は、スタート時こそ順調に見えたが、すぐに躓《つまず》きを見せ始めた。

昭和一四年は雨が少なく、水力発電が主だった時代の電力会社としては、致命的だった。本来なら、そんな事態に備えて石炭を確保しておくべきだったのだが、親方日の丸の日発には石炭の調達もままならなかった。

修羅場をかいくぐってきた民間の電力会社に比べ、お役所仕事の会社はあまりにももろかった。無為無策のまま、送電休止、停電が相次ぎ、阪神工業地帯の工場主は休業をやむなくされた。しかし、休業中でも従業員の給料を払わなければならない。あちこちで、悲鳴にも似た非難の声が高まっていく。

「豊富で低廉な電力の供給」のうたい文句は、もはや詐欺に等しく、電力不足が深刻な社会問題化したのである。国会でも日発への風当たりは強くなっていた。

ところが、電力不足を起こしたことを棚に上げて、日発、逓信省側は、「悪いのは配電会社のほうだ」と、言いがかりをつけてくる。日発が石炭対策に躍起になっているのに、配電業者は街のネオンなどに電力を売っているというわけだ。発送電という電力会社が築き上げてきた事業をあらかた奪っておいて、残された配電事業で細々と小売をしている業者を責める政府、日発のやり口は、盗人猛々《ぬすっとたけだけ》しいともいうべきものだった。

ここで、松永安左エ門がいかに先見の明を持っていたか、小島直記の『松永安左エ門の生涯』から、松永の言葉を引こう。かつて逓信省の永井案に反対意見を述べたときの言葉だ。

「事実に即して考えると、電力の飢饉《ききん》が近く起るのではないか。（中略）妨害になる材料を一切抜きにしても、昭和十四、五年ごろは現実に電力の飢饉が来るのではないかと心配している。それなのに、かくのごときイデオロギーにおいても、事業の性質においても、その成立後の計算も甚だ不明瞭である本案が、もし議会を通過したならば、我々がいかに手を尽くしても、ついに電力飢饉の時代が来ると断ずるほかはない」

だてに「電力の鬼」と呼ばれたわけではない。まさに松永の予言どおり、成立後の計算がはなはだ甘かった大国策会社が馬脚をあらわしたのである。松永にしてみれば「それ見たことか」という気持ちだったろう。

産業界からも議会からも、政府の体たらくへの非難が集中すると、政府側は権力を使ってこれをねじ伏せようとした。国家総動員法を持ち出して、「電力消費規制」を決めたのである。電力国家管理法と国家総動員法をセットにして公布したのは、要は、国民の声というるさいハエを叩き潰すためだった。

さらに、既成水力発電設備に手をつけなかったこと、配電事業をそのまま放置したことが失敗の原因だと問題をすり替え、電力業者に唯一残されていた資産の水力発電所は取り上げられ、唯一の仕事の配電事業も厳しい統制下に置かれることになる。昭和一六年八月、勅令による配電統制令が公布され、これにもとづいて配電事業の全国九社への統合、配電会社の国家管理が強行された。新しく生まれる九つの配電会社も、日発と同じく、首脳人事、電気料金、事業計画の政府認可など、すべてがんじがらめにされてしまった。

これに異を唱えるものは、みな「非国民」と呼ばれ、弾圧された。電力の経営権のすべてが政府にあり、ここに自由企業の息の根が止められたのである。

## 引退か、転向か

日本が破局への道をひた走っていくのを見届けるようにして、松永は俗世を離れ隠棲《いんせい》した。自らの雅号を「耳庵《じあん》」とし、山荘内の茶室で、日がな茶をたて、四季の移ろいを句に詠み、ひっそりと暮らした。そして、戦後、電力再編成に辣腕を振るうまでのおよそ一〇年間、新聞も読まず、ラジオも聴かないという生活を続けたのである。

ときおり、大蔵大臣になってほしい、大政翼賛会の総裁に就任してほしいといった俗世からの誘いがあったが、松永は一切耳を貸さなかった。

では、経営主導権を奪われた電力会社の社長たちは、その後どうしたか。小島直記が指摘するように、大きく分けると二つの道があった。一つは、松永安左エ門のように、政府のやり方に怒り、実業界から引退してしまう道。もう一つは、自身の節を曲げ、政府の軍門に下って、転向する道であった。当時は「バスに乗り遅れるな」という言葉があり、体制側に寝返って、少しでも利を得ようとする事業者が多かったのである。

松永らと臨時電力調査会で統制側と闘った大同電力社長の増田次郎は、政府の大国策会社・日本発送電の初代総裁におさまった。

それでは東京電燈の社長だった小林一三はどうしたのか。小林もまた松永と同じ福沢門下生である。小林は、昭和一一年六四歳のときに引退の決意をしている。それを東京電燈社長の立場上、心ならずも引っ込めて、政府と闘った。しかし、闘い空しく敗北を喫した後は、引退を阻む理由は何一つなかった。ところが、小林は松永のような道を選ぼうとはしなかったと、小島直記は『鬼才縦横』で述べている。

電力国家管理法が公布された一三年の九月に日本発送電設立委員になり、一四年には日発の理事に就任。そしてさらに翌年の七月には、あろうことか第二次近衛内閣の商工大臣に就任しているのである。引退の決意など影も形もなくなっていた。小島は、自由経済人、つまり自由主義的経営理念を信条としていた経営者が、電力業界の息の根を止めた「不倶《ふ ぐ》戴天《たいてん》」の敵ともいうべき陣営の枢要ポストにつくとは何事かと、小林を手厳しく批判する。変心、転身、あるいは変節の気配すらあると。私も小島に同意する。小島は松永に惚《ほ》れて、三度も松永の生涯を書いている。

ところで、小林一三に関しては、かつて松永安左エ門はこう言っていた。

「小林君の性格のうちに『不関心』ともいうべきものがある。『不関心』とはどういうことか……。俗な言葉で言えば『のぼせない』こと。時間的な言葉で言うと、『あせらない』ということ。精神的な表現では『腹が決まっておって動揺しない』ということである。いろいろな出来事にも『我不関焉』（われ関せずえん）……、そんなことは俺の知ったことじゃあない……、そんなことの為にいきり立ったり、癇癪《かんしゃく》を起こしたり、あわてたりしない、そんなことは俺の分野でない……、俺はだいたい、そういうことは嫌いなんだ、という性格である」（「半世紀の友情」『小林一三翁の追想』）

しかし、松永の小林を見る眼は曇っていたと、小島は断じる。もしも、小林が松永の言うような人間であったなら、商工大臣に推されたとき、そんな役目は俺の分野ではない、俺はだいたいそういうことは大嫌いなんだとビシッと断らなければおかしいと、私も思う。東京電燈の再建、阪急百貨店の開業など、小林一三は経営者としての本領を発揮した人物だが、松永安左エ門と並ぶと一回りも二回りも小さい人物に思える。『鬼才縦横』によれば、毒舌家で知られる小汀利得《おばまとしえ》が、池田成彬を交えたある座談会で、小林をこう評している。

「つまらない政治家なんかをたいそう有難がっているところがある。しいて悪く考える者は利害を打算してやっているのではないかと思っている」「『雅俗山荘漫筆』（小林の著書）がないと、小林さんはもっと偉いのだが、あれで関西流の弱点というか事大思想をバクロしている。これまた筆の立つ害の一つですかね」

小島は、小林のことを「権力側への寝返りは、その事大思想のあらわれであったろうか」と厳しく断罪した。

小林は、昭和一六年、雑誌『中央公論』に「大臣落第記」というものを発表している。それが各方面に物議をかもすことになる。小林が追い詰められ、大臣を辞職せざるを得なくなったのは、企画院の経済新体制確立要綱・原案を知人の経済研究所の人間に見せたという「機密漏洩《ろうえい》事件」によってである。落第記は、自身の病床の描写から始まり、なぜ自分がこんな忌まわしい事件に巻き込まれてしまったのかという、自己弁護のようなものだった。

それだけならまだしも、戦後に落第記の続編の形で出版された『私の人生観』（要書房）の中に、私が思わず「何だこの男は」と首をかしげる箇所が登場する。

「僕からいえば、僕の大臣落第記というのは、大臣大成功ということだと信じている。軍部に反対し、官僚に反対し、統制に反対している。

僕のこの信念は、今日この時勢が来たからいうんじゃない。その時にへいこらへいこらして、何べんでも大臣になれるということなら、僕らが出る必要は何もない。われわれは、いわんとする通り統制に反対をし、軍部のお気に障ったということは、大臣としては大成功だ。僕は大成功であったと信ずる」(「大臣落第の弁」)

この後、小林は「当時流行し出した経済新体制、共産主義的やり方を叩きつぶしたのは僕なんだから」と言い募り、だから軍部ににらまれたのだと言い切るのだ。小林一三には、自分が大臣のときに、革新官僚のボス的存在だった商工次官・岸信介をクビにしたのは俺だという自負がある。その返り血を浴びて大臣の椅子を追われたのだという言い分なのだろう。彼の頭の中には、敢然と軍部や官僚に立ち向かっていった雄々しい自分の姿しかないようだ。だから軍部に一泡吹かせてやった、大臣大成功というわけだ。

しかし、それを体制側に寝返って大臣になった小林が言うのはおかしいだろうと、小島直記は批判する。私も同感である。

いつの世にも時代の空気を読んで、変わり身の早い人間がいる。転向した人たちを悪《あ》しざまに言う気はない。それぞれに拠所《よんどころ》ない事情があったのだろう。小林一三にも。

だが、松永安左エ門のように不器用なまでに「民の精神」にこだわり、福沢の門下生たる筋を通した骨のある人間を見ると、商売人の小林一三や、平岩外四などは、私にはまったく小さい人間に見えてしまうのである。

「身を挺《てい》することを知らないお役所仕事で、電力事業などできるわけがない。官僚にできるのは、電力と国を滅ぼすことくらいだ」

と、隠遁《いんとん》した山荘で、茶をたてながら、つぶやいていたという松永安左エ門。

その予言は、ほどなく的中する。

# 第二章

## 誰が電力を制するのか――「鬼の棲み家」で始まった民の逆襲

## 銀座電力局で「鬼」の復活

昭和二四年（一九四九）、銀座のある事務所に、白髪の眼光鋭き老人の姿があった。一切の電力事業から手を引き、俗世を離れて隠棲していた松永安左エ門が、一〇年ぶりに「現世」に復帰したのである。

この松永の個人事務所、通称「銀座電力局」こそが、民の自由精神を奪った体制へのリベンジを果たす松永の拠点となるのである。まさに鬼の棲み家《すか》だ。

終戦を迎えた日、松永は、訪ねてきた親しいジャーナリストに、「これからは僕が米国と戦争をする番だ」と語ったというが、その言葉は見事的中する。時を置かずして、「電力の鬼」松永は、戦勝国アメリカのGHQ幹部と渡り合うことになるからだ。松永は、電力再編成の政府方針を固めるために、急遽《きゆうきよ》GHQが要請して設置された「電気事業再編成審議会」の会長に抜擢《ばつてき》されていた。

国営か、民営か、あるいは両者を抱き合わせた官民協力体制なのか。戦前、松永たちが国家と闘っていたときとは別の形、別の思惑が絡み合い、議論は紛糾していた。

しかし、その議論には重い足かせもついていた。敗戦国の国家など比べ物にならない強大な覇者の占領軍が日本を支配していたからである。したがってアメリカ側が気に入らなければ、審議会が決定した答申など簡単に反故《ほご》にされた。つまり、電力再編の大役を任された松永安左エ門の前には、二重三重の敵が立ちはだかっていたのである。

敗戦後、日本の電力をどうするかについての最高の権限を持っていたのは、いうまでもなく、ＧＨＱである。占領後の軍事的統制の後、五大改革指令をはじめとする、ＧＨＱによる具体的な民主化指令が矢継ぎ早に出された。

ＧＨＱの目的は「日本の軍事力を心理的にも制度的にも破壊すること」にあった。そのためには、「軍財抱合」で戦争の手段として利用された財閥を解体し、産業支配の分散を図ることが最優先課題であるとして、昭和二二年一二月に「過度経済力集中排除法」が施行される。つまり、過度の産業独占は許さないという姿勢を強固に打ち出したわけである。集中排除法には、もちろん日本発送電解体を含め、電力事業も対象になっていた。

戦後の電力事情は混乱を極めていた。民主改革で発足した日本電気産業労働組合（電産）は、官僚統制の撤廃と発送電事業の全国一元化を経営陣に要求した。一方で、日発は全国一社案を提示したのに対し、九配電側は民営化を前提に発送電を地区別に設立する案を推して、険悪な関係に陥っていた。民主・社会・国協の三党の連立で成立した片山哲内閣は、日発に近い案をGHQに提示したが、黙殺された。政府の示した案は、民主化には程遠かったからである。

こんなことでは集中排除のための電力再編成ができないと業を煮やしたGHQは、電力関係に詳しい専門家チームを本国から招いて、解決に当たらせることにした。その中心顧問がT・O・ケネディ（オハイオ州の小電力会社の元社長）だった。そこで打ち出されたのが「全国七ブロック案」である。

片山内閣、芦田内閣の後、昭和二三年一〇月に発足した第二次吉田内閣は、GHQに検討期間の延長を求めた。この全国七ブロック案では、国策としての電力事業ができないとひそかに判断したからだった。それなら、日本人の電力の専門家を集めて「権威ある委員会」を作って早急に検討せよというGHQの要請を受けてできたのが先の電気事業再編成審議会だった。

そのキャップを誰にするか、吉田茂は頭を悩ませた。このときの経緯を、大谷健は『興亡』にこう記している。

「首相吉田茂はGHQをこれ以上じらすつもりはなかった。しかし、日本人のすべてを敵にまわして再編成をまとめねばならぬ審議会の会長は、人並みの人物ではつとまらぬ。おそらく池田成彬、小林一三なら適任であろうが、二人は追放されている。思いあぐねた吉田は同じ大磯に住む当の池田成彬を訪れる」

意外にも、池田が推したのは、松永安左ヱ門であった。大谷は、松永と池田が相性が悪いことを見抜いていた。松永は、「東邦電力時代、銀行からやたらに金を借りて発電所をつくり、三井銀行の融資先東京電燈と出血競争する。銀行家池田にとって危くて気が許せぬ相手であった」からだ。しかし、「池田は個人的な好ききらいを度外視して、真に適任者を選ぶ公正な人であった」と、大谷は書いている。

しかし、池田は次の一言を付け加えるのを忘れなかったという。

「再編成がすんだら、すぐ御用済みにすることですな。松永に権力を持たせると、必要以上に権力を振るう心配がある」

同じく慶応に学びながら、福沢諭吉に批判的だった池田と、福沢に心酔していた松永は対照的だったが、池田の脳裏には、戦前、電力戦争で暴れまわった松永の「電力の鬼」ぶりが、鮮明に焼きついていたのだろう。

審議会の会長就任の件は、進藤武左衛門資源庁長官から電話で松永に伝えられた。「そうか。だが役人のいうのはアテにならんが、本当に頼むか」と、松永は念を押したうえで承諾したという。役人嫌いの松永節は、齢《よわい》七〇を過ぎても健在だった。

松永安左エ門、参戦。これが波乱の電力再編成の始まりだった。

## 松永、GHQに一発かます

松永には、温めていた私案があった。一〇年もの長きの間、前線を退いていたとはいえ、時代の推移を冷静に見つめ、電力業界のあるべき新しい姿を模索していたのである。

松永の考えた案は、日発を解体して、全国を九分割し、民間の発送電併業体制を作ることだった。つまり、現在の九電力体制である。

GHQの七ブロック案は、松永案に近かったが、決定的に違う部分があった。それは九分割された民間会社が「発送電分離」体制になることだった。GHQが目指すのは、集中排除である。発送電一体は産業の独占を許さない集中排除に引っかかる。あくまでＧＨＱは「発送電分離」にこだわり、松永案を認めようとしなかった。

松永は、二人の敵の攻略を念頭においていたという。一人は、ＧＨＱ顧問のケネディであり、もう一人は大蔵大臣・池田勇人である。

さっそく松永は吉田茂を通して、池田勇人に会う段取りをつけた。そして蔵相公邸に大きな全国地図を持って出向いた松永は、自らの九分割案を詳しく説明した。

「電力産業を建て直さずに日本産業の興隆はない。日本産業の興隆なくして日本民族の幸福は考えられない。このままいい加減な姿にしておけば、分配のみあせって共産化を急ぐか、あるいはファッショに逆行するかだ。再編成は火急を要する」

電力問題は所管外で、池田にはよくわからなかったが、百戦錬磨の老翁の言うことには何か心打つものがあると感じた。この日から一週間後に、池田蔵相が通産相を兼任することとなり、九分割案の実践を決断するのである。しかし、その内容にＧＨＱは異論を唱え、折衝は難航する。

松永のもう一つの敵、ＧＨＱはさらに強敵だった。昭和二四年秋、審議会五人のメンバーで、ＧＨＱのケネディ顧問を表敬訪問したときの松永を、白崎秀雄は『耳庵　松永安左エ門』で、鮮やかに活写している。ひるむことなく、のっけから松永はケネディに迫った。

「いったいあなた方は日本の電力問題をどうしようと考えているのか、聞かせていただきたい」

これに対し、ケネディは、そういうことは諸君に話す必要がない、といって電気課長代理のＨ・エヤース大佐が作成した十分割案に細かい書き込みをしたものを示し、これを計算するだけでいい、とつき放した。

傲慢な支配者の態度に、松永は頬の皮膚を強張らせたが、こう切り返す。

「ところで、あなたは電力会社の社長を長らくやっておられたそうだが、月給をいくら取っておられましたか？」

通訳が慌てて、そんなこと通訳していいんですかと聞き、同行した水野成夫も工藤昭四郎も「それはちょっと」と、松永の肘をつつく。「いや、かまわん、聞いてくれ」と松永は突っぱねる。

すると、ケネディは、前の自分の発言が言い過ぎたと思ったのか、

「アメリカの公益事業の役員給与は他の産業より安い。私は……」

と、素直に詳しく自分の給与を話した。

それを聞いて、松永はケネディにこう言ってのけたというのだ。

「ほほう、案外少ないですな。それではわたしの東邦電力時代の十分の一だ。それに経験も私のほうが多そうだ」

その後、松永はケネディに自分の案をよく検討してくれるように頼み、握手をして引き揚げたという。大谷健もこのエピソードを取り上げ、「松永一流のハッタリ的先制攻撃」と書いているが、当時のGHQの絶対的権力を考えれば、並の人間にできる発言ではない。何度も修羅場をくぐってきた松永の肚《はら》の底から出た言葉だろう。会長に同行したほかのメンバーは、青くなって肝を冷やしたが、「幸いケネディはこだわりのないヤンキーであった」ために、大事には至らなかったという。何度でも執拗《しつよう》に食い下がり、自説を曲げないヘンクツ爺さんに辟易《へきえき》もしただろうが、どんな権威をも恐れない松永の気骨に、彼はリベラルな思想を感じ取ったのかもしれない。

ともあれ、ケネディがこのヘンクツ爺さんに好感を持ったことは確かだった。後に、公益事業委員会ができたとき、松永を中傷する投書が少なからずＧＨＱに届いたのだが、ケネディはそれを一々松永に回し、信任の態度を示してくれるようになる。松永はしっかりとケネディをつかんで離さなかった。松永の再編成案を通すには、彼の力が必要不可欠だったからである。

## 改革ではなく革命

しかし、審議会は最初から紛糾続きだった。松永は、政府が自分のやり方にいろいろ口を出してくるのも気に入らなかった。政府の役人が審議日程や資料を集めてお膳立てをするから待てというのを、松永会長は一蹴した。小室恒夫事務局長が自分の作成した予定表を出して、これに添って議事を進めるよう提案すると、松永はにべもなくこう言い放った。

「君らは用事があるときにこちらから呼ぶから、以後わしが申しつけぬ書類を出したり、発言することを禁ずる。審議会は自分が議長として、自分の思う通り運営する」

「そんな馬鹿な」と反論する小室に、癇癪を起こした松永は、「事務局長、退場を命ず」と怒鳴ったという。

一事が万事、そんな独善的な態度であったから、委員会のメンバーの反発も買った。しかし、松永のマイペースは変わらない。そもそも、戦中の国家管理に対する反省の深浅が、松永と役人ではまったく違っていた。

「君たちの意見は前の会合のときとちっとも変わっていない。つまるところ君たちには電気のことはわからない。わしがだいたいの骨子を作るから黙っていたまえ」と、彼らをねじ伏せるようにして、精力的にコトを進めていくのである。そんな松永の姿を、大谷は『興亡』で、こう書いている。

「松永は民主的改革をするつもりはなかった。革命（国営体制を私企業体制に逆転さすという意味では反革命）をやるつもりだった。そして共産党が革命の手段としてブルジョア議会を利用する如く、松永も電力業の体制革命のため審議会を利用したに過ぎぬ」

と大谷は、当時「財界の共産党」と呼ばれていた松永の心中を推し量る。

審議会のメンバー中、もっとも松永のやり方に反発したのは、日鉄社長・三鬼隆だ。松永の電力事業私企業案が通れば、利潤追求のために電力料金が上がり、化学、鉄鋼産業を脅かすと考えたからだ。その頃の基幹産業は、国から価格差補給金を受け取り、さらに電力の低料金という恩恵にあずかっていた。国家統制下のそんな甘えた環境にいる財界人、経済人を松永はひどく嫌っていた。三鬼も、松永のことを「この時代遅れの自由主義経済を称える老人」と、敵意を抱いていた。

三鬼は、九分割はよしとして、日発を小さくしたような国営会社を残そうという案を出し、日発は解体するという松永案と真っ向から対立する。しかし、三鬼案では、どの道GHQがOKを出すわけもない。それでも独善的な松永のやり方に反発した他のメンバーが三鬼のほうに加担し、審議は四対一となって松永は孤立する。

## 松永案に否定的だったジャーナリズム

松永が中心になって進めている、民間民営の九電力体制に対するジャーナリズムの評判はどうだったかといえば、ほとんどが否定的だった。

昭和二五年一月二八日の朝日新聞の社説もあきらかに松永に反対の論調である。

「日本発送電の運営にいかに欠陥があろうとも、全国を九ブロックに分断し、各ブロック別に発送配電の一貫会社を作ろうという構想がいかに根本において誤っているかは、改めて論ずるまでもなかろう。どうしても諸般の情勢上分割するというなら、せめて次善の策（三鬼案）を貫くことを望む」

同年一月二三日の毎日新聞の論調もやはり懐疑的だ。

「全国が九ブロックにわかれ、民有民営の発送配電会社が、それぞれ経営者の創意と責任とによって競争的に運営される姿はまことに望ましいものであるとしても、そうなれば、ブロック間の電力の融通がどれほど困難なものになるかはだれにも想像できるであろう。いかにサービスの万全をモットーにしても、水力電源から遠い会社が苦境に立ち、その地域の消費者にとってはまさに逆の効果が現れることは明白であろう。そういう弊害を除くためには、地域間の電力供給の調節機関を設けねばならない。そうなると一体何のための電力事業再編成かという疑問も出てくるだろう」

こうした否定的な意見が多い中で、日本経済新聞だけが松永案に同調した。同年の一月三一日の社説でだ。

三鬼案の電力融通会社案について、「表面は電力の地域間の融通を建前としているが、実質上は単なる融通会社でなく、発送電会社であり、もっと端的にいえば、現在の日本発送電会社の生れ替りに過ぎない」とし、この案を認めれば、「わが国の電力事業を引き続き日発的支配のもとに置こうとするものと断ぜざるを得ない」として、次のように締めくくる。

「たとい地域間の融通がいくぶん不円滑になったとしても、それを地域ごとの会社が自分の責任と努力で解決するところに電気事業発展の基礎があるのであって、現在のように宛てがいぶちの電力を機械的に配給しているのでは、向上も発展も期し得ない。電気事業再編成はあくまでも分割の本旨を貫くべきである」

これは、まさに松永が言わんとすることを代弁した社説であった。

### 国会でも猛反対された松永案

ＧＨＱは、九ブロック案はよしとしても、過度の集中を防ぎ、公正な料金の設定を行うためには、公益事業法が不可欠だと主張していた。管理的、経営的性格を有する電気局とは反対に、独立した純粋な調整機関としてのレギュレータリー・ボディ「公益事業委員会」を創設すること。これに関しては頑としてゆずらなかった。

各党がほとんど反対している法案を、GHQが強権で押し切るのはたやすそうにも見えたが、講和条約を一年後にひかえて、やや慎重になっていた観もある。昭和二五年四月、二法案は国会の審議にかけられることとなった。

しかし、政府もGHQが出してきた再編成案と公益事業法案を本気で押し切ろうという気があったか、それは疑問である。というのも担当の通産大臣・高瀬荘太郎は、文相兼任で、電力業界のことにはまるで素人だったからだ。したがって、国会でも与野党にやられ放題というありさま。各党、質問に立った議員は、口々に九分割体制、公益事業委の欠点をあげつらい、反対意見を述べた。国会においても、松永路線は四面楚歌の只中《ただなか》にあった。まさに吉田茂が思った「日本人のすべてを敵にまわして」という大仕事の渦中に放り込まれていたのである。

しかし、反対は反対でも、それぞれの党の立場で反対の理由が微妙に違うところが興味深い。当時の衆議院の通産委員会の議事録から一部引こう。

まず昭和二五年四月二六日、自由党が質問に立ち、反対の姿勢をあらわにする。

村上勇「電気事業の再編成は、電力が非常に不足しておる現状では少し無謀ではないか。

まず第一点は電気料金の地域差であります。電源地帯である北陸と電力の不足しておる九州あるいは中国では、一対四の比較になるというようなことは、九州中国地方の産業を破滅に導くものであると思います。

　地域間の電力の融通は、日本発送電が、今日全国統一してやっておりますが、それですらなかなか思うようにいかない。瞬間的な電力の過不足によって、そのように九分割された後、そんなことができるはずのものじゃないと、私どもは思っております」

福田一「集排法（過度経済力集中排除法）ができたのは、これは過度の経済力集中があるので、将来日本が平和国家として立つ上においては、非常に有害な面にもなる。こういうふうなこともこの集排法立法の目的であったと、解釈しておるのでありますが、現に国家管理になっておるということは、将来の日本の平和国家建設について、有害であると御解釈になるかどうか。

　同じく国家管理でやっておるのでありますから、もしこういうような考え方からすれば、鉄道なども当然これに入って来るべきものと私は考える。電気についてこういうことをするのならば、鉄道についても今後このような考え方をもって、臨まれるかどうか」

高瀬通産相「鉄道事業の仕事の内容と産業との関連というものには、やはり相当の違いがあると思うのでありまして、同じ自然的独占のものでありましても、そこは区別して考える必要があると、私は考えておるのであります。従いまして、現在は鉄道について何らそういうことは考えておりません」

福田一「ただ今の答弁は、はなはだ要領を得ないのであります。なぜ電気に限ってそういうような方法（民営）をとらなければならなかったか。これはもう集中排除法で決まっているからしかたがない、こう言われるのか。

電源開発は、北海道とか四国とかいうようなところでは、非常にそのコストが高い。電源を開発しても高い電力しか得られない。従って会社としては損をしてまでも電源開発をしない場合が多いだろう。むしろ小ぢんまりと経営して、利潤を上げるという方向に私は向かうものだと思うのですが、これについて大臣はどのようにお考えになっておりますか」

高瀬通産相「九州地域のごときにおきましても、水力発電の計画によって発電いたしました方が、現在の火力発電よりは安く上がるだろうというように、推定いたしておるのでありまして、たとい電源のはなはだ乏しいところにおきましても、相当の電源開発計画は、実行されると考えておるのであります」

翌日二七日は社会党と共産党が質問に立ち、反対意見を述べる。まず社会党である。今澄勇「日発、九配電会社ともに集排法の適用を受けておる。しかるに日発だけが分断されて、九つの配電会社は分割されておらない。逆に発送電分を合わせて大規模な会社となるということに、この電気事業法でいうとなるのであります。この集排法の真精神から見て、この電気事業の分断法は、はたして合致しておるものかどうかということに疑問を持っておりますが。

電気は空気、水に次ぐ生活の必需品であって、全国民が平等にこれを利用できるということが当然でなければならぬ。大体物価は一般に戦前の二百二十三倍、石炭は三百数十倍に上がっておる。しかるに電気は九十四倍の数字にとどまっておるということは、少なくとも電気に関しては、国家的な管理統制が行われておったためであると思う。そういう大きな美点があると思う。

私はこの九分割案によって、現在九十四倍と言っておる電力料金を、さらにうんと安くして豊富にこれを供給することを約束する、それがもしできないならば、自分は将来政治家としての責任をとるのだというような、はっきりした言葉をお吐き願えるならば、ひとつこの際言っておいていただきたい」

するると、今度は共産党が強弁をふるう。

伊藤憲一「電力というものは、石炭とともに一国における重要なエネルギー部門でありまして、かつこれらの近代化とともに、電力の役割は一層決定的になるのです。従ってこの電力を支配するということは全産業を支配する。

たとえば前の案では五人からなる公益事業委員会の委員は、大臣に準ずる待遇をするということを明記されてあったように覚えております。電力行政をつかさどるこの公益事業委員会が、こういう大臣級の五人の人間によって、一切を牛耳られるようなことになる。電力及びガスに関するあらゆる問題の決定権を握るということになりますと、これは電力を通じて全産業を軍事的な植民地化の方向へ再編成するというふうに、私たちは考える。

公益事業委員会のようなものをつくって、これは何と言いますか第四権的なとでも言いますか、立法権も司法権も行政権も兼ね備えているというような権利を持つ機関が、電力を握るということになりますと、日本の電力行政が日本から切り離されるように考えられる」

二九日の国会でも、自由党の多武良《たむら》哲三議員に「きわめて重要なポイントは、ことごとく公益事業委の決定に任せる法律は、国家総動員法以上のものだと判断しておる」と攻撃されている。

そして、社会党は、発送電一体に強い不信感を訴える。

坂本泰良《たいら》「諸外国の例を見ましても、今度の九分断、電源と配電を一緒にしてやるというようなことは、日本が初めてじゃないかと私は考える。電力が軍事力に対して相当の力を持っておる。従ってやはりポツダム宣言に基づくところの日本の軍事力の破壊ということで、私は最初集中排除法の指定を受けるということになったのではないかと思います。

すでに新憲法が実施されまして、日本の軍事力の再建ということは、ほとんど考えられない状態になっておるし、加えて電力に基づくところのこの軍事力の再建というようなことは、今八千万国民が全部考えていないと思います。私はまっ先にこの集排法の指定を解除してもらう。政府はこれに努力すべきが当然の任務ではないかと思うのであります」

こうして国会の質疑と答弁を見てみると、電力私営化への反対論が圧倒的に幅を利かせているのがよくわかる。

そして与党より社会党や共産党といった野党のほうが、国家管理にこだわっているのが興味深い。軍部と官僚が組んで電力事業を国有化した結果は惨憺《さんたん》たるものだったが、今度は発送電一体による私企業独占の心配をしているわけだ。

## 「戦争責任」の不在

現在の東電を中心とする電力会社のやり方を見れば、当時の社会党の見方には、先見の明があったといえないこともない。しかし、それは松永が死ぬほど嫌っていた官僚主義、あるいはその官僚を抱きこんで利益誘導を図るという電力事業者の社会的責任感の喪失が招いたことであって、そう簡単に肯定はできない。

自由党にも再編成反対の猛者が揃っていた。衆院通産委員会の委員長は、与党自由党の大野伴睦《ばんぼく》だったが、大野こそが再編成案をひねりつぶしてやろうと手ぐすねを引く最大の反対者だった。この大野はじつに執念深く、ポツダム政令で電気事業再編成が強行されたあとも、日発復活のために陰で動いた人間だ。そしてついに「電源開発」という国策会社設立の強力な後ろ盾となるのである。渡辺恒雄がまとめたという『大野伴睦回想録』（弘文堂）には、もちろん利権の話は出てこない。

大谷は、ここまで大野が日発にこだわった理由は、電源開発工事の利権がらみだと見ているが、それはたぶん当たっているだろう。吉田茂への反発もあったろうが、本来なら官僚と対立している派閥（党人派）のボスが、基幹産業の民営化に反対するいわれはないからである。面子よりも利権。後に結成された自民党に受け継がれた精神でもある。質問に立っている村上も福田もこの大野一派だったから、当然、口八丁、手八丁で民営案をつぶしにかかったのだ。

しかし、この論争の中で決定的に抜け落ちているものがある。国家としての戦争責任である。電力国管というものが、分かちがたく戦争に結びついていったということを、この議会人たちがどれほど意識していたかははなはだ疑問だ。社会党の議員などは、戦争を永久に放棄するとした新憲法が公布されたのだから、電力事業を国営にしても軍事利用の心配はないと臆面もなく言い切っている。果たしてそうなっただろうか。

原子力の平和利用という国策のもとに、核兵器開発の影がちらつくようになるのは、この時からそう遠いことではない。

当時は、原子力発電など夢のまた夢だった。だから、その安全を考えることなども具体的ではなかったが、いまや電力会社がGHQのように強大となり、事故などまるでなかったかのように振舞っている。それはGHQと手を組んだ松永ががんばりすぎた結果だとも言えるかもしれない。

## 二人の援護射撃

電力事業の民有民営を訴える、松永の敵は続々と出現した。

衆院通産委員会が開かれている一方で、四月二八日に参院電力特別委員会が開いた公聴会でも、電力私営化への反対は圧倒的だった。

電力需要者側のある鉄工場主は、「公益事業法は電気事業の利益を擁護する度合いが強い」と反対し、北海道電力問題連絡協議会の人間は、まず単なる分断会社の身で私営化のための資金調達などできないことをあげ、「仮に私営化したとしても、地域別コストの格差がありすぎて、北陸の三倍もの電気料金になってしまう。これでは道民の生活、経済はどうなるのか」と、反対を切実に訴えた。

基幹産業を代表する公述人が反対に回ったのは、設備、開発など、電力のコストの大きな部分を税金に負担させ、安い電力を使おうという計算があった。大谷は、こうした基幹産業の言い分に姑息《こそく》な商い根性を感じ取って、「産業資本のエゴイズムを『経済合理性』といい切って、何らはばかることがなかった」と書いている。私にいわせれば、「合理性」ではなく「合利性」なのである。

労働組合も経営者も、「分断ではなく、社会的一元化を」という反対陳述だった。GHQの意向が強力なのも今のうちだけ、講和条約後は公益事業委など何の権限もなくなるという見方も主流を占めていた。

こうした反対派の意見に圧倒され、松永の九電力体制による民営化案は、風前の灯《ともしび》に見えた。ところが、この逆風の中、明快に民営化に賛成する人間がいたのである。品川白煉瓦社長の青木均一と、京阪神急行社長の太田垣士郎の二人である。後に、青木は東京電力社長、太田垣は関西電力社長となった人物だが、松永と同じく「自由主義経済」にこそ企業の未来はあるという確固たる理念を持っていた。

## 青木均一の民営化賛成論

青木の民営化賛成論は、じつに明快で、示唆に富んでいた。まず青木は、日発を「とても責任を持った企業とはいい難い」と先制パンチを食わせたうえで、その不健全性を指摘する。参院特別委員会会議録から、青木の陳述を一部引こう。

「巷間《こうかん》聞くところでは土建業者は、日発が分割されるよりも現在のままの方が彼らの利害関係からして望ましいという噂《うわさ》さえあります。これは単なる噂でありますから、かかる席上問題にすることはできませんけれども、かように日発が独占して開発に当たる場合には、その建設計画並びにその建設費が妥当であるかどうかということにつきましては、これ又判定する手段がないのであります」

日発が利権の温床であることを鋭く指摘した青木は、私営化による電気料金の値上がりについても、自由主義経済の合理性の論拠に立って、その整合性をクリアに説いてみせる。

「勿論《もちろん》電力料金が上がるというのは、如何なる場合でも産業者としては喜びはしません。

（しかし）石炭、運賃等は上がってもよい、併《しか》しながら電力だけは一文も上がってはいけないという議論は私はここでは成り立たぬように思います」

「原価の計算の基礎になるものは、それはあるがままの自然な形であります。人為を加えないところの自然の条件であります。それが工業立地の一番大事な問題である。電気の豊富低廉な所には電解肥料工業が、石灰石が安く買える所にはセメント工業が起き、鉄鉱、石炭が安く得られる所に鉄鋼業が起きる。かような場合に電力のみ統制してプール計算するということになりますと、極端な場合を申しますと、九州、北海道のような電力の比較的乏しい不利な所に、電力を最も使う化学工業が盛んになるという非常に矛盾が出ます」

大谷はこの青木の議論こそ、「経済的な合理性」というのであって、統制の甘い汁を吸おうという産業のエゴイズムとは一線を画すると、評価している。

しかし、この青木の賛成論は議員たちの大反発を買い、延々とつるし上げを食らうことになる。

では、太田垣はどうであったか。青木が自由主義経済の合理性から民営化を推したのに対し、彼は経営者の立場から民営賛成論を語った。太田垣も青木に負けず、のっけから国家統制批判を始めた。松永もそうだが、骨のある実業家というのは、権力を笠《かさ》に着る軍人や官僚とは違う、一歩も引かぬというある種のふてぶてしさがある。

「国家管理、統制というものによって経営者の企業意欲というものを全然無視していること。ここに私は大きな原因があると信ずるのであります。先《ま》ずその第一を取り上げますと、今日までの制度によれば経営者の最も重大であるところの責任の帰趨《きすう》というものが不明確であります。それからもう一つは、企業意欲を最も刺激するはずの独立採算ということを無視しております」

そして、電産を中心とする労働問題を取り上げ、スト中の賃金支払い問題など、普通の会社ならとっくに解決しているような問題がいまだに紛糾し、一般の需要者に迷惑をかけていると、続ける。つまり日発は経営者として能無しだと言っているわけだ。

「自分自身の会社で挙げた成績で取る役員の報酬さえ、他の会社に相談しなければ決めることができないような立場に置かれた経営者が、少なくとも労働者と対等に交渉して、これらの人びとの労働意欲を向上してサービスの改良を図るということは到底できないと思うのであります。従って今日国民の中には、電産は組合として最も強い。然るに一方これに対抗する経営者は、経営者の中でも非常に弱いとまで批評されておると私は思う。従ってこういう観点からいたしましても、私は一日も早く責任の帰趨を明らかにし、独立採算制を取る。発電及び配電の一貫した九ブロックの会社を設立して、これらの弊を一掃しなければ、到底現下の電力危機は私は免れ得ないものと信ずるのであります」

太田垣は、さらに東京電燈や東邦電力などの五大電力会社がしのぎを削って電力復興に力を尽くした過去の歴史に触れ、それぞれの経営者は思い半ばにして身を引かざるを得なかったと彼らの意中を代弁し、最後にこう締めくくった。

「電気事業再編成は、今にしてこれを断行せざれば悔いを百年の後に残すと私は信ずるものでありますから、私は本法案に賛成いたします」

公聴会での青木、太田垣の弁論は、経験を踏まえた明快で率直な意見だったが、結局、議員たちを説得することはできなかった。

しかし、彼らの弁論にじっと耳を傾けている老人がいた。松永安左エ門である。四面楚歌の渦中での、二人のこの主張が松永の琴線に触れぬわけがない。大谷健も小島直記も、このときに松永は、二人をいずれ新会社の首脳にと考えたに違いないと書いている。とくに太田垣は、木川田一隆と共に、のちに松永門下の逸材と言われるようになる。戦前戦後の混乱期の中でしのぎを削り、修羅場をかいくぐり、国家統制の辛酸をなめた経営者同士、そのフロンティア精神が共鳴し合った瞬間であったろうと私も思う。

### 銀座電力局の助っ人

さて、松永はどうやってこの難局を突破したのか。鬼の棲み家「銀座電力局」の動向に話を戻そう。四面楚歌、孤立無援の松永安左エ門を終始一貫熱心に応援した人物がいる。

中部配電の横山通夫である。かつて九州電燈鉄道（後の東邦電力）時代に、横山は松永の部下であり、承継者となった人間だ。横山は、「かねがね松永氏の理想に心打たれていたので、積極的に松永氏の使い係のような役目をしたい」と、最初は虎ノ門にあった松永の事務所を銀座四丁目、服部時計店裏に斡旋したのである。もちろん、横山がただの使い係のわけもなく、松永の腹心、参謀として活躍した。

横山は、松永案を支持する配電側の実力者、関東配電常務・木川田一隆、関西配電常務・芦原義重と同志的なつながりを持って、松永を助けたのである。とくに木川田は、松永の秘書のごとく、陰になり日向になり、神経の行き届いたフォローを見せた。難局を突破するには、ワンマンな松永に対して、木川田のような人間関係を調整する補佐役はなくてはならない存在だっただろう。

木川田には、第一章にも書いたように、東京電燈に入社したての頃に、松永から壮絶な電力戦争を仕掛けられ、命縮まる思いをさせられた経験がある。しかし、木川田はその過激な先輩のやり口に対しても、自由経済の活気を読み取っていた。企業からその原動力となる自由精神を取り上げ、軍事統制下に置いた体制への反発は強かった。

「私の履歴書」によれば、敗戦後、木川田は東京の見渡す限りの焼け野原に立ち、「幾多先輩がつみあげてきた、伝統ある〝東京電燈〟（正確には関東配電株式会社）も、いつか魂のぬけがらとなり……」と、一時、絶望にも似た名状しがたい気持ちに襲われた。ところが、よく見ると、さいわいにも山の発電所が残り、かろうじて残った電線につながり、ぽつんぽつんと灯りがともっている。その小さな灯りに木川田は日本の未来を感じたという。

「つい先ごろまでは、どこの家も黒幕でおおわれ、一戸は一灯の電灯しか許されず、電気のすべては軍需工場へ回されていた。前線で戦っているものにとって、武器はすべてだからである。戦争の現実はきわめて非人間的で、国土が蹂躙《じゅうりん》されはじめると、そこには絶望しかなく、もはや自滅するよりほかなかったが、焼けあとの、だれにはばかることのない電灯の光には、かがやかしい文明の灯を感じさせられた」

木川田の強い使命感が湧き上がってきた瞬間だった。

その木川田が、「電力をもって国を興そう」と、引退してこもっていた自邸に、かつての同志を集めて動き出していた松永に賛同しないわけがない。

「過当競争と国家統制との弊害を身をもって経験したわたくしの結論は、人間の創意工夫を発揮するためには、民有民営の競争的な自由企業とすること」という信念のもと、松永安左エ門らと九電力体制を作り上げていくのである。

もう一人、木川田が心の師としたのは、闘う自由主義者としてその名を残した河合栄治郎だった。高等学校時代から、木川田は河合の処女作『労働問題研究』を愛読し、その思想に感銘を受け、「人道主義と自由主義とがわたくしの一生の精神的なささえとなった」と、「私の履歴書」に書いている。東京大学に入学していた木川田は、イギリスから帰国後東大で教鞭《きょうべん》をとった河合の授業を、最前列で眼を輝かして聞いたという。二・二六事件のあと、ファシズム批判をして教壇を追われた河合に、木川田はよりいっそう心の師としての信頼を深めた。

木川田には、終戦直後、労働大衆の解放によって怒濤のように押し寄せてきた労働組合運動の先頭リーダーとして立ちはだかった電産と、激しく渡り合った経験がある。

「戦時中、職場を死守し、会社のためには命をささげると誓ったひとびとが、こんどは赤旗をふりまわし、社長や役員をへいげいして、自己批判させるようなことになってしまった。関東配電本社の四階ホールは、一時電産が占領し、わたくしは地下室で、料理を作るおじさんと食事をとる日がつづいた」「つらを洗って出なおして来い！　とどなられるのは日常のこと」「わたくしの会社のある支店長のごときは、非民主的と呼ばれて、組合幹部の前に土下座してあやまらされるといった暴挙が随所に行われた。経営権を守るどころか、経営側の人格は完全に蔑視される有様であった」

労務部長として、労使間の秩序を調整しようと日夜努力するも、相手は応ずる気配はなく、味方からも弱腰と軽蔑されたと、当時の苦悩を木川田は述懐する。しかし、組合の罵声と停電ストの中、「労働大衆の理性に対する信頼を失うことはなかった」という記述には、木川田という人物の器の大きさを感じざるをえない。

松永が福沢諭吉に深く感銘を受けてその志を全うしたように、木川田もまた師の河合栄治郎に、人生における人道的な筋の通し方を学んだに違いない。

そんな二人が呼応するのは必然だったと私は思う。こうして、かつて敵同士だった二人が絶妙なタッグを組んで、電力の再編成に乗り出したのである。

## 鬼曰く「多数決など存在せず」

木川田も横山も、「銀座電力局」に足しげく出入りし、孤立無援の松永を助けるべく働いた。しかし、状況は一向に好転しなかった。

戦前は、軍部の圧力にもかかわらず、電力国営化に反対の態度を示していた財界が、戦後の日発解体には曖昧な態度を取り続け、その関心が、もっぱら自分の会社のある地域への電源の配分と、電力料金を上げるなという利害関係だけに注がれたことも、松永のイライラを高じさせた。

木川田、横山らに同調して、関東、中部配電から集まった若手幹部たちは、松永と連携を取りつつ、新橋の旅館に立てこもり、「発送配電の一貫経営はなぜ必要か」「再編成後の料金の地域差は現在と変わらない」「再編成後の電力融通は円滑に行える」など、次々とパンフレットを作り、各方面へ配布した。

「基幹産業は、国家が統制管理すべきだ」という意見が進歩的と考える財界人もあったので、松永の九電力案はなかなか理解されなかったと木川田は述懐する。そのたびに松永は癇癪を起こし、さらに敵を増やすといった按配《あんばい》だったらしい。

「翁は、これら財界出の委員にも悪態をいうし、役所にもどなり散らしたので総スカンを食ってしまった。『戦時中は官僚にあごでつかわれ、いまは占領軍に鞠躬《きっきゅう》如《じょ》として、目も鼻も口もないばけものだ』、などといったような放言をされたので、先行きは思いやられた」

審議会で、四対一と全員を敵に回したときも、松永は「こういうものに多数決は存在しない」の一点張りだったという。

「わたくしたちの説明や根回しの足りなかったことも原因であったし、翁が委員を子供扱いにした態度も癇にさわったのではなかろうかと心配したりもしたが、少なくともわれわれの考えが参考案として公にされたことをもってせめてもの心やりとした」

何とも、木川田たちの苦労がしのばれる話である。

木川田ら同志が「銀座電力局」に集まると、松永はこう言って檄《げき》を飛ばしたという。

「なに、負けるものか、まだいくさの最中だ。岩は割れるものだよ。必ず割れる。ものごとはコン身の力をこめて、いかなる巨大な岩でも、一身こめて打ちつづけると、やがて小さなヒビがはいる。それをさらにつづければ、岩は自分の力でくずれていくものだ」

その不屈の精神に感銘を受けながらも、「だが志をもみつぶされてはなんにもならないので、強気も結構だがけんかはしないでほしい」と、木川田は松永に頭を下げたという。

自分の案を強引に進めようとするワンマンな松永と、それをうまく調整し、人間関係の改善に努める木川田参謀のコンビは、まさにベストマッチだった。いや、鬼の棲み家に彼らのような助っ人《すけと》が現れたからこそ、松永の夢が実現できたのだともいえる。

しかし、松永安左エ門にとって、電力再編の反対に回っている政財界の人間など最初から眼中になかったのかもしれない。というのも、松永が占領軍説得に方針を定め、一気に落とそうと日々手を変え品を変え、戦略を練っていたことを木川田が書いているからだ。「GHQに対する松永翁の了解運動は相当強引なものであった。単身乗り込むこともあったし、英語の話せる高井社長らをお伴にすることもあった。文書の陳情は再三にわたった。わたくしは秘書役みたいな格好で、いちいち意見を聞かれ、目を通させられた。わたくしは日に幾度も松永事務所に呼びつけられ、夜を徹した」

松永たちのGHQへのお百度参りは、結果的に功を奏することになる。白崎秀雄によれば、ケネディとの信頼関係を深めた松永は、とうとう彼にこう言わせたという。

「あなたに負けた、あなたの案がいい。あれでやりましょう」

GHQ内部では、すでに民有民営・九電力体制の松永案でやらせてみようという内々の意見がまとまっていたらしい。

## ポツダム政令

昭和二五年一〇月二二日、GHQの「ポツダム政令」によって、松永の再編成案が政府に命令された。つまり、国会の審議を要らないとし、占領軍司令官の大権に基づく政令によって、電気事業再編成令、および公益事業令を公布し、一二月一五日から実施することとしたのである。松永安左エ門が木川田たちに語ったように、ついに打ち続けた岩が自分で割れたのだ。占領軍が強権を発動して、松永路線に味方したのである。

GHQの強権発動に新聞を始め、議会や財界のブーイングは激しかった。

大谷は『興亡』で、ことの成り行きをこう書いている。

「国会も新聞も、国会開会中のポツダム政令の強行を、国権の最高機関である国会の審議権を無視したものとして吉田内閣をののしった（しかし、まだ直接マッカーサーの悪口をいうほどの勇気はなかった）。しかし昔の議会人は覚えていたであろう。日発が出力五千キロワット以上の水力発電所を強制買収し、配電会社を国家管理にした第二次国管は、議会の審議を避け、ポツダム政令ならぬ国家総動員法にもとづく勅令で実施されたことを。日発は国家総動員法で確立され、ポツダム政令で亡《ほろ》んだのである」

いかにも気骨ある新聞記者らしい揶揄《やゆ》である。つまり、自業自得ということだ。

もう一つ別の見方をすれば、松永安左エ門は、自分たちが営々と築き上げてきた企業の自由を奪い、すべてを取り上げた国家へのリベンジを、大国の強権を持って果たしたともいえる。「目には目を」である。松永が陰でGHQに働きかけたことには異論があるかもしれない。当時の官僚の中には、私的復讐《ふくしゅう》のために国を売ったという見方もあった。しかし私は、松永が私怨で動いたとは思わない。松永は、GHQの威を借りてでも、かつて国権に奪われた福沢諭吉の民の精神を取り戻したかったのである。民の自由競争のエネルギーによってしか、企業の健全な成長はありえない、いわんや電力をやという確たる思いが、松永を奮い立たせたのだと私は考える。「電力の鬼」の面目躍如である。

「電力対国家」の態《てい》で、天下を二分したかの観があった電力再編成問題は、ほぼ松永の九電力体制が確立して、一つの結末を迎えた。

だが、ポツダム政令が出たことは、「簡単に勝った負けたという性質のものではない」と木川田は書いている。その言葉通り、ひとつ峠を越えた松永たちの前にはまた別の新しい峠が立ちふさがっていた。

## 木川田一隆の苦悩

電気事業再編成令と公益事業令の二政令が公布施行されたものの、木川田の言うように、むしろ問題はこれからだった。日発の本格的な解体と、新会社の設立、人事である。

話は少しさかのぼるが、吉田茂は、やがて解体される日発の最後の総裁に、自分が浜口内閣の外務次官時代、拓務政務次官だった小坂順造（信越化学社長）を選んでいた。いわゆる過去の縁で、気心の知れた人間として小坂を選んだわけだが、この人事は自由党内の不評を買った。小坂は党内の反対を心配したが、「党内は俺がまとめて断じて反対はさせぬ」と断言。さらにこう付け加えた。

「電力の現状が心配だ。ひとつ君が出馬して、思いのまま整理してくれ」

この「思いのまま整理してくれ」という吉田の言葉を、小坂は日発のことだけでなく、電力業界全体のことを自分に任されたと理解し、これが小坂対松永の対立の大きな原因となったと、大谷は書いている。

戦前、小坂は近衛内閣の電力総動員令に、貴族院の議場で堂々と反対を表明した自由主義者で、電力会社にも何社か関わった信州の名門の当主である。いわば、国管という敵を同じくした松永の友人であり同志であった。だから、当然最初は、松永はこの人事を喜んだのである。

ところが小坂は、電力の分割民営反対、国営会社温存という方向に、百八十度豹変《ひょうへん》してしまうのである。東京電燈時代の親分の小林一三に頼んで、前の日発総裁在任中に追放された新井章治を解除後、再び「カゲの顧問役」に迎え入れた。新井章治は、かつて東京電燈の社長だった人物だが、敗戦後は日発側の黒幕となって、頑なに国営路線を主張し、松永路線に反対していた。その新井を小坂が日発側に再び招き入れようとすることは、松永に対する宣戦布告も同様だった。松永が怒るのも無理はない。

しかし、そういうことになるのを承知で、小林一三は小坂に新井を取り持ったわけだから、何とも底意地の悪いやり方である。軍部が主導権をとる国家統制下において、やむなく体制側に転向した企業家は多かった。小林もその一人であったが、「大臣落第の弁」の件にしても、どうもこの男の信念がどこにあるのかわからない。利にさとい人間は時々陰険な動きを見せるものだ。

その点、松永安左エ門の「民の精神を取り戻すべし」という信念は、終始一貫していた。反権力、反体制を貫いた「市民」の思想家・久野収を師と仰ぐ私としては、やはり反骨精神旺盛な松永のほうに肩入れしてしまうのである。

一方、東京電燈時代に、人一倍この新井に目をかけられた木川田は、今は師と仰ぐ松永との狭間《はざま》で苦悩する。木川田は「私の履歴書」で、当時の胸の内をこう明かしている。

「皮肉にも今度の再編問題では、日発説を堅持される新井さんとは、まるで反対の立場に立たされるようになった。どっちかというと、ドライに『理』で割り切れない性のあるわたくしは、時々新井さんから注意をうけたりして思い悩むこともあったが、どう考え直してみても自分の信念に生きるほかに道はないものと覚悟せざるをえなかった。長い生涯のうちには、こうした苦境に遭遇することもあるものである」

こうした木川田の苦悩をよそに、小坂は新井を顧問に、日発の総務部長に近藤良貞を据えて、松永路線に抵抗する牙城を固めていたのである。

しかし、ポツダム政令によって、松永の再編成案実施が政府に命令された。そこで日発の解体は動かぬものとなる。だが、小坂と松永の対決はその後も続くのである。

## 新しい九電力会社の誕生

政令公布後、電力再編成案を実施する機関として、総理府外局の公益事業委員会が組織されることになる。この公益事業委員会は、公益事業（電気、ガス）の運営を調整し、改善を図るための機関として、事業の許認可を含む広範な許認可権を持っていた。とくに、料金の認可権が大きく、集中排除法に基づく一切の権限を委任されていた。ここで選任される五名の委員は大臣待遇の権限を持つこともあり、自薦他薦の委員候補がひしめいた。

吉田茂は、この人選を小坂順造に相談していた。吉田は、以前、池田成彬に忠告されていたように、再編の役目が終わった松永を委員に選ぶつもりはなかった。ところが、今となっては敵役の小坂が、公益事業委員会のメンバーに松永を推薦するのである。しぶる吉田に小坂は、こう言って説得したという。

「松永君に反対される気持ちはよくわかる。しかしながら何といっても、このたびの再編成案を作り上げたのは松永君である。その松永君を再編成の仕上げをする公益事業委員に加えないということは、世間に対していかにも片手落ちの感じを与える。委員長とまではいわないが、せめて委員の一人に加えるべきだ」

「小坂と松永の友情はなお生きていた」と、大谷は『興亡』で述べている。だが、それが友情だったのか、筋目を通そうという小坂一流のプライドであったのか、その心中は私にはわからない。実際、松永が公益事業委員になった後も、小坂・松永の敵対関係は変わらず、激しくぶつかり合うのである。とまれ、小坂は、この件では敵に塩を送ったといっていいであろう。

吉田は、委員長代理として松永をメンバーに入れる決断をした。委員長には元の国務大臣・松本蒸治が就任。松本は松永と共に電力国管に果敢に反対した一人で、この人選も小坂がすすめたものである。松永に反感を抱く人々には「委員長ならともかく、松永が指揮権のない平委員では承知するまい。きっと辞退するはず」という目算もあったようだ。

ところが、松永はこの役目を二つ返事で引き受け、松永の退陣を願う人々を失望させた。「電気は私の唯一の仕事で、こんどは最後のご奉公ですから、わがままをいわずに一生懸命はたらくつもりです」

昭和二五年一二月二四日、就任式で松永はこう神妙に挨拶した。福沢諭吉と道を同じくして、国がくれるという勲章から逃げまわりつづけた松永である。もともとそんな肩書きを気にするメンツなど持ち合わせていないのである。松永は、そうしたくだらぬメンツよりも、再編成を自分の手でやり遂げることに執念を燃やしていた。

松永は、最初から松本委員長には「あたかも生徒の先生に対する」ように低姿勢で接したと、委員の一人が語っている。無礼、非礼のたぐいは一切なかったという。「これは松永一流の高等戦術だったのかどうか」と大谷は書いているが、私は多分そうであったと思う。GHQの顧問ケネディを最初にしっかりとつかんだように、松永は要の人物をまず自分の手中に押さえたのだろう。このときの松永を、白崎秀雄は『耳庵 松永安左エ門』の中で次のように書いている。

「松永は元来剛毅《ごうき》で、一つまちがへば激怒しやすい一方で、当然反駁したり憤激したりしさうな場面で、極めて穏かに反応し、あるいは進んで相手に降《くだ》つて、事の意外に出ることがあつたのも事実である。松永の常人にぬきんでた聡明さ、あるいは俊敏さはさういふところにひらめくのである」

そういえば、激高した革新官僚に「わたしが悪うございました」と、畳に頭を擦り付けて謝ったという長崎事件の顚末《てんまつ》にも、松永のそうした一面が垣間見《かいまみ》られる。何が今の一番の優先課題か、目先のことで自分の大きな目的を見失わない聡明さが、確かに松永にはある。ただのヘンクツ爺いではない。その証拠に、松本委員長の信頼を勝ち取ると、松永は委員長と一体となって公益事業委に対するあらゆる攻撃を跳《は》ね除《の》けていく。

## 再び民間企業の手に

委員会を取り仕切っていたのは、あきらかに松永安左エ門であった。

小坂は、日発が解体されて新しい九電力会社ができる際、日発の出資するべき資本を極力大きく評価する、日発から送り込む役員の数をできる限り多くするなど、ひそかに計画を立てていた。一方、松永は、新会社における日発の出資比率を極力低くし、日発擁護派を新経営陣から排除しようとしていた。かくして、二人は真っ向から対立する。

両者の衝突は、新しい九電力会社の筆頭会社となる関東地域の社長に小坂が新井章治を推し、松永が関東配電の高井亮太郎を推したことからあらわになった。松永は「分割案に反対したものが社長になるとは法外である」と怒り出し、人事はもめにもめた。

小坂は、公益事業委員会は吉田首相から人選を頼まれたのだから、自分が生みの親だと思っていた節があると白崎は書いている。つまり、その先にある新会社の人事にも自分の権限があると思っていたわけだ。そんな思い過ごしを松永が仮借するはずもない。

新会社の名称でも二人は激突した。松永は「東京電力」、小坂は「関東電力」と言い張ったからだ。小坂には、以前松永が東京電力という別会社を仕立てて東京電燈に攻撃を仕掛けたことが頭にあり、金輪際そんな名前は使わせないという思いがあったのだろう。しかし、公益委を仕切る松永のほうに軍配が上がるのは目に見えていた。

公益委は、新会社・東京電力の会長に、元日銀総裁の新木栄吉を、社長に安蔵弥輔、高井を副社長として迎えることを、強引に裁定してしまった。木川田の記憶によれば、この日は大雪が降っていたという。

「雪の日といえばすぐ二・二六事件を思い出すが、この日のことも忘れることができない。（中略）新木会長決定の知らせを聞いたわたくしたちは、初耳なので不審には思ったが、どこかホッとした気持ちでもあった」

この強引な裁定に、小坂は烈火のごとく怒って、「このような再編成には協力できない。公益事業委員会は、排他的かつ独断的である」と爆弾声明を出して、公益委を攻撃した。だが、これは負け犬の遠吠《とおぼ》えに等しく、松永の完全勝利であった。

昭和二六年五月一日、電力の国家管理に終止符が打たれ、全国一斉に九つの新会社がスタートした。北海道電力、東北電力、東京電力、中部電力、北陸電力、関西電力、四国電力、中国電力、九州電力が誕生したのである。

国家の手にあった電力が、再び民間企業に戻った日であった。松永安左エ門は、胸の内で福沢翁になんと報告しただろうか。木川田は、東電スタートの日、新木会長のスピーチを後ろのほうでひっそり聞きながら、「身にしみ入るような思いであった」と述懐している。

しかし、考えてみれば、電気事業再編成審議会の会長に就任してから一年六ヵ月という短い間に、松永は電力の再編成を成し遂げてしまったのである。しかも、日本中を敵に回す四面楚歌の中でだ。

松永安左エ門でなければ、とても実現不可能なことであったろう。

## 電力料金の引き上げ

まだ松永にはやるべき仕事が残っていた。九電力会社がスタートした昭和二六年は、松永が七七歳の「喜寿」を迎えた年でもあった。この年なら大抵は隠居の身であろうが、生涯現役を地で行く松永はステッキを片手にどこへでも乗り込んでいった。「電力の鬼」の気力は少しも衰えを見せていなかった。

松永が次に取り組んだのは、電気料金の改定という大仕事だった。この年の講和条約交渉開始を背景に、政府は二六年度から二八年度に二五二一億円の資金を投じて、九六万八〇〇〇kWの電力開発を行う方針を出していた。これは電力需要増加の年率を三%に見ての試算だ。

しかし、公益委の松永はこの政府案に対して、電力需要増加を年率八%として、五年間で七八四八億円の資金を投じて七二二万kWの電力開発を行う案を作成し、それを政府に示したのである。

松永がまず説得に当たったのは、日銀総裁の一万田尚登《いちまだひさと》である。財閥と銀行が資金力を失った当時にあって日銀の力は絶大だった。「松永は説得すべき相手を見誤らなかった」と大谷健は書いている。そのやりとりを『興亡』から引こう。

「もし政府案の三パーセントという低率では日本経済の復興は期しがたい。米国で電源開発資金について話し合う折りは八パーセントを主張してほしい」

一万田は、「御老体にかかわらず、松永翁の説明は詳細をきわめ、幾多のデータを示しつつ自信に満ちたものであった。私としても、何も進んで初めから消極的な案でのぞむ必要はないし、その成否はともかく、将来の有利な布石になると思ったので、翁の八パーセント案で交渉に当たることを約した」と、語っている。

しかし、松永がいくら大規模な電力開発を主張しても、問題は九電力会社の資金力である。折からの渇水問題と電力用石炭の入手困難を抱え、停電対策に追われていた九電力会社社長たちは、その不可能を松永に訴えた。それに対して松永はこう切り返す。

「それなら、昔の五大電力時代に十分金があったとでもいうのかね。昔も何とか工面して開発をやったのだ。金があって開発するのなら、どこに経営の苦心があるか」

そうハッパをかけたものの、松永は電力会社の窮状を十分理解していたはずである。電力開発の問題は、精神論ではどうにもならない。では、どうするか。このとき松永は電力料金の引き上げを決意した。

七七歳の松永は、またしても政府、国会、消費者、産業界と真っ向から闘う覚悟を固めたのである。

松永は各社首脳を集め、「適正原価にもとづく採算可能な電気料金」の算出を命じた。その際、減価償却を定額法でなく定率法で実施するよう言い渡した。各社が、公益委に出した値上げ申請率は、平均七六％であった。

## 「電力の鬼松永を退治せよ」

この値上げ率の発表に、世間は騒然となった。主婦連合会は値上げ反対の署名運動を行い、電産もこれに加わった。二〇〇〇人の大衆が、東京の築地本願寺の広場に集まり、料金値上げ絶対反対の大決起集会を開いたのである。そして、松永の辞任勧告の緊急動議を満場一致で承認し、「電力の鬼松永を退治せよ」というプラカードを持って、公益委の事務所に押しかけてきたのである。

メディアも黙ってはいなかった。まず、毎日新聞では阿部真之助（のちのＮＨＫ会長）というジャーナリストが痛烈に松永を批判した。大谷の『興亡』から阿部の言葉を引く。

「公益委が発足以来、とかく不明朗な物議をかもしているのは、松永安左エ門のような業界の大ボスにして、公益より私益のかたまりみたいな男が支配的な勢力を握っているからのようだ。政府は松永の首を切るべきであった。それを怠ったばかりに、またしても問題を起こすようになったのだ」

世論を味方につけているときのジャーナリズムというのは、正義を気取り、それこそ鬼の首を取ったような品のない攻撃をするものだ。阿部はさらに言い募る。

「僧衣を着た狼を童話の絵本でみたことがある。公聴会で公平ヅラをして世論を聞いている松永の姿がそれだった。実にこっけいである。しかし笑ってのみはいられない。絵の狼と違い、生きた狼は私たちに害を与えるからである」

さすがに朝日新聞の「天声人語」は、阿部ほどの悪罵ではないが、松永批判には変わりはない。

「松永翁は電球のシンに竹を使ったころから今日の電力時代を育て上げた〝電力の神様〟で、外資をも導入して次代への大電力時代を築こうとする熱意はよくわかる。しかし孫には目がないおじいさんのように、電気可愛《かわい》いやの一念でハタの迷惑を思わな過ぎるきらいはないか」

「松永氏は財界を引退することとすでに十年、茶室に身をひそめて表向きは電力界の現役ではない。が電力再編を通じてスイッチの元締めが翁の手に握られていることは天下周知である。その因縁利害の深い人が、電気、ガスの公益を守る委員会に委員長代理をつとめること自体おかしい」

「これは吉田首相の人事の失敗らしい。が、今さら致し方のないこと。論語の、六十にして耳順《したが》う、から耳庵と号する松永翁が民意に耳したがう真意を解するや否や」

「天声人語」は、民意を聞く耳を持たない松永の雅号「耳庵」を皮肉って終わる。

電力再編成に反対した人びとは、「やっぱり」「言わんことじゃない」と、うなずき合い、左翼反対派は「早くも民衆の搾取が始まった」「松永と米国独占の謀略だ」と、叩いた。

再編成で苦汁を飲まされた小坂順造は、「松永公益委員の退任を望む」という公開状を書き上げ、吉田に見せたうえで公表しようとした。それをかろうじて吉田が押し止めた。

小島直記『松永安左エ門の生涯』によれば、公益委には、反対の投書が殺到し、中には「殺してやる」という脅迫状も混じっていた。国会も松永を呼び出した。

それでも松永は、孤軍奮闘、皆の説得に当たった。主婦連の詰問には次のような弁論で、理解を求めた。

「電力再編成で九匹の乳牛が生まれた。適正な料金を払うというのは餌を与えることだ。飼料を十分に与えず、三度のものを二度にするというのでは、国民を養ってくれるお乳が出ない。子どもがかわいいのであれば、飼料代をけちるのは間違いである」

松永なりの主婦にわかりやすい例えを考えたのだろう。だが、聞く耳を持たない人間にはどんなに言葉を尽くしても言い訳にしか聞こえない。

## 日本の復興は電力あってこそ

あまりの一斉攻撃にさすがの松永も気力の萎えるところもあったらしい。山のように積まれた値上げ反対の投書を前に、訪ねてきた中部電力の井上五郎社長にこう嘆いたと、大谷は書いている。

「僕はこの頃、時々鏡で自分の顔をみることがあるよ。この老人が何をすき好んで、これほどまでに人にきらわれる仕事に精魂を傾けねばならないかとね」

マスコミも世論も、議会人、産業人も、松永が私利私欲のために電気料金値上げをたくらんでいると攻め立てたが、このときの松永が自分のソロバン、利害のために動いていただろうか。利害で動くなら、こんな下手なやり方はしない。ここまで世論を敵に回して松永は何を成し遂げたかったのか。

それは、祈りにも似た「日本の復興は電力あってこそ」という一念ではなかったか。松永は、かつて国家に奪われた電力で再び活気ある日本の復興を果たしたかったのである。松永の残り少ない人生に、利害など何ほどの価値もなかったろう。松永の老体を動かしていたのは、今の官僚や電力会社の幹部役員たちがとうの昔に忘れている「志」だけだったと、私は思う。

さて、この国民をあげての反対はGHQを困惑させた。少なくとも松永のやり方は、アメリカが日本に教えた、世論に聞くという民主主義に反している。そこでGHQが日本政府と公益委の間に入り、調整役を務めることとなった。日本政府と公益委の対立の焦点は、減価償却を定額にするか、定率にするかに絞られた。GHQは定額を主張し、それによって値上げ率を切りつめると、値上げ幅は平均三〇%となり、八月に実施された。松永が主張していた値上げ幅の半分以下ではあったが、ここは松永が押し切られる形となった。

そして翌二七年五月に、電力九社は再度、平均二八・八%の値上げをした。このときも非難囂々《ごうごう》だったが、公益委の認可が下りた以上、どうにもならなかった。定率でなく定額が原則となったことを松永は残念がったが、都合二回の値上げでほぼ当初の目標に近い数字を達成する。電気料金の政治性からして、この値上げは奇蹟《きせき》のように思われると大谷は言う。

確かにこの大幅な値上げは世論を敵に回したが、日本の産業も消費者も結局はこれを消化することができた。そして財政状況が好転した電力会社は、高度経済成長による電力需要の激増に応じて、右肩上がりの成長を見せていった。「殺す」と脅されながら、命を賭してやり遂げた料金値上げは、こうして九電力会社の基盤を固める原動力となったのである。

松永の読みどおり、電力の需要増大は、そのまま産業の発展、復興につながっていったのである。

## 「電力の鬼、角を落とす」

公益事業委員会は、二回めの値上げ直後の昭和二七年八月、政府・国会の反感を買い、廃止された。吉田が松永を切ったといっていいだろう。

翌日の新聞には早速「電力の鬼、角を落とす」という記事が出て、廃止後の松永の行動を報じていた。記事によれば、松永は、公益委の委員、顧問、事務次官、東京電力、電気協会などへの挨拶をすませると、その翌日朝、一人で伊豆の堂ヶ島に引きこもってしまったとある。記事は松永の公益委での挨拶の内容も載せていた。

「役人はダメだ。官僚はなっとらん。一年七ヵ月の間諸君に毒舌を浴びせてきた。戦いに敗れて諸君と一緒にクビになった今日、心から諸君に謝る」

安左エ門の言葉にホロリとした役人たちは口々に言った。

「私は前後三回辞表を出せといわれました」

「私も三回、辞表を持ってこいといわれました」

「自分も二回やられた」

松永の横暴ぶりを語りながら、笑いが起こった。そのざわめきを噛《か》みしめながら、安左エ門は「悠々と伊豆に向かった」と、記事は締めくくっていた。

吉田茂が、松永追放のために公益委を廃止しなくとも、松永にはもう公益委には未練はなかったと思う。「戦いに敗れて」と松永は表現したが、松永の中に敗北感があったとは思えない。国家管理という悪夢に追われて山に引きこもった時とは対照的に、山の庵《いおり》に向かう足取りは軽かったはずだ。

さて、ここで松永翁は隠居の道を選んだのであろうか。否である。伊豆堂ヶ島の庵で一ヵ月休養を取ったあと、早くも上京し、電源行脚の旅に出るのである。公益委廃止のことなどすっかりお見通しで、松永は昭和二六年一一月に電力中央研究所（設立時の名称は電力技術研究所。設立の翌年に改称）という財団法人を発足させていた。何のことはない。銀座電力局の鬼の棲み家が移っただけのことである。

電中研の目的は、電力に関する技術、経済の研究を行って、電力会社の要望に応ずるというものだった。口さがない連中の「電力会社から年貢を出させるからくりだ」という声もあったが、限りある人生の時間を松永がそんなくだらないことに使うはずもない。松永の夢は、電中研を日本の電力事業の頭脳として機能させることであった。

と同時に、電中研という場所は「わしの目が黒いうちは、官僚には二度と勝手な真似《まね》はさせん」という、松永の抵抗の砦《とりで》でもあったと、私は思う。

昭和四六年（一九七一）、九七歳で松永は大往生を遂げるが、その一〇年前に次のような遺書を書き、東京電力の木川田一隆らに預けた。

「一つ、死後の計らいの事、何度も申し置く通り、死後一切の葬儀、法要はうずくの出るほど嫌いに是《こ》れあり、墓碑一切、法要一切が不要。線香類も嫌い。

死んで勲章位階（もとより誰もくれまいが、友人の政治家が勘違いで尽力する不心得かたく禁物）これはヘドが出るほど嫌いに候。

財産は倅《せがれ》および遺族に一切くれてはいかぬ。彼らが堕落するだけです」

以下は略すが、戒名もいらぬとして、「この大締めは池田勇人氏にお願いする」と結ぶ。

松永安左エ門の真骨頂、まさにこの遺書に極まれり。「電力の鬼」は死んでまで、ヘドが出るほど嫌いだからと勲章を拒否したのである。

官に抗する気概は、毛ほども衰えていなかった。

# 第三章

# 九電力体制、その驕りと失敗——失われた「企業の社会的責任」

## 木川田の逡巡と決断

二〇一一年、八月一一日、福島県は、震災からの復旧・復興本部会議を開き、「脱原発」を基本理念に据えた「復興ビジョン」を正式決定した。しかし、これにははっきりと「廃炉にする」ことが明記されておらず、この決定に寄せた佐藤雄平知事の「新生・福島県をつくらなくてはいけない」という言葉も、どこか空々しく聞こえる。

かつて美しい田畑、牧場が広がっていた福島の故郷が、いまや放射能に汚染され、野菜も牛乳も、ほとんどに出荷制限がかかっている。今、この現状を木川田一隆が見たら、何を思うだろうか。胸の内に去来するのは後悔なのか、怒りなのか……。

自分の故郷、福島県に原発を持ってきたのは、木川田その人である。

「原子力はダメだ。絶対にいかん。原爆の悲惨な洗礼を受けている日本人が、あんな悪魔のような代物を受け入れてはならない」

東京電力の副社長だった木川田一隆は、最初は原子力政策に反対だった。部下がアメリカから数多くの原発関係の資料を取り寄せて木川田に見せ、「わが社も一刻も早く原子力発電の開発に着手すべきです」と、熱心に攻め立てても、「原子力はいかん」とガンとして首を縦に振らなかった。

一九五四年、中曾根康弘が奔走し、国会で初の原子力開発予算が可決された。これとほぼ同時期に、第五福竜丸がビキニ環礁近くで操業中に、アメリカの水爆実験の「死の灰」をかぶった事件が起きる。これが原子力反対運動の起爆剤となり、日本は騒然としていた。広島、長崎に原爆が落とされたのが九年前で、その悲惨な記憶がまだ日本人に生々しく残っていたころである。

「人間は生産力の手段だけの存在ではない」という人道主義的な企業理念を持つ木川田が、原子力導入を断固拒否していたのは、当然ともいえる。

ところが、ある日突然、木川田は豹変する。原子力導入を再三訴えていた部下に、原子力発電の開発のための体制作りをせよ、と命じたのである。その突然の変化に部下は驚くが、以来、木川田がその命令を撤回することはなかった。

なにが、ここまで木川田を変えさせたのか。「悪魔のような代物」に魂を売ったのか。豹変の理由は、おそらく木川田の次の発言の中にある。

「これからは、原子力こそが国家と電力会社との戦場になる。原子力という戦場での勝敗が電力会社の命運を決める、いや、電力会社の命運だけでなく、日本の命運を決めるのだ」

木川田は、松永安左エ門と共に死闘を繰り返した国家との戦争が、再び原発をめぐって起きることを予感していたのである。東京電力に原子力発電課が新設されたのが、一九五五年。その頃から、第一号大型発電用原子炉導入をめぐっての動きが活発になる。

その当時、原子炉の受け皿をどこにするのか、政府内で対立が起こっていた。原子力委員長の正力松太郎は、迅速かつ柔軟な対応が可能な民間の企業を受け皿にすべきだと主張し、経済企画庁長官・河野一郎は、まだ不安定要素が多い原発は、国家機関で慎重に行うべきだと主張していた。

正力には、自分が作った日本テレビの普及のために、民間の電力会社に原発を導入させ、速やかなる形で原発の低廉で豊富な電気が欲しかったのだ。この思惑が九電力の社長たちが連名で提出していた、原子力開発は九電力会社が出資して行うという案と、タイミング的にうまく合致した。

原子力発電の主導権を取るのは、官か民か。またしても国家対電力の対立があらわになる状況になったのである。木川田たちが、この抗争に「絶対負けられない」と躍起になったのには明確な理由がある。

河野一郎のいう、原発の受け皿になる「国家機関」とは、かつて松永安左エ門と共に、苦労して解体に追い込んだ「日本発送電」を母体にした「電源開発」だったからである。電源開発とは、日発解体後、九電力体制がまだ発足したばかりで力弱かった頃、通産官僚たちの巻き返しで生まれた国策会社である。この原子炉導入をめぐる攻防は、民に奪われた電力の主導権を再び国家のものにせんとする、まさに官僚の仕掛けた「遺恨試合」でもあったのだ。

このときの「原子力開発は国家的機関が中心になり、挙国一致体制でやるべし」という河野の主張が、木川田を逆なでしないわけがない。「原子力開発」を「電力統制」と置き換えれば、戦前、軍部と組んだ革新官僚たちが連呼していた文言と同じではないか。電源開発という国策会社の裏で、巧妙に政治をコントロールしようとする通産官僚たちのやり口に、木川田の危機意識は高まったに違いない。国家に電力の主導権を奪われたらどうなるか、木川田は身をもって知っていた。だからこそ、再び、自由を奪われたあの暗い時代に逆戻りすることはできないと、決戦に臨んだ。

舞台裏に通産官僚と電力会社の遺恨を背負った、河野対正力の対決は、河野に電力会社が「届け物」をしたことで、あっけなく手打ちとなる。「届け物」とは、もちろん金である。この決戦には、金の力を使っても負けるわけにはいかなかったのである。

その結果、発電用原子炉の導入受け皿として、日本原子力発電という会社が設立され、民間から八〇％、電源開発から二〇％出資するという変則的な形となった。だが主導権はあきらかに「民間」にあり、この勝負は電力会社側が勝利をおさめたのである。

しかし、この遺恨試合の戦場になったのが、原子力発電という、いかがわしさの象徴のような「怪物」であったことが、不幸の始まりだったのかもしれない。日本の原子力開発は、初っ端《しょぱな》から官僚機構と電力会社の陣取り合戦の材料にされた結果、当の「怪物」に対する慎重な論議、警戒が、軽んじられたきらいがあるからだ。

そして、原子力発電の利権を手中に収めた電力会社の「独占」が強固なものになるにつれ、ますますその警戒心は薄れ、「怪物」の姿を見誤っていくことになる。

## ファウスト的契約

木川田のパートナーともいうべき日本原子力産業会議の代表常任理事だった橋本清之助は、「二〇世紀の初頭に人類が手中にした三つの文明を、私はこれまで、輝かしい科学技術の成果だと信じていたが、もしかしたら、人類を破滅に追い込む、悪魔の申し子ではないかと思える」と、よく側近に漏らしていたという。

橋本のいう「三つの文明」とは、自動車、飛行機、そして原子力のことだが、原子力開発を推進する立場にありながら、橋本は一九七三年春の原子力産業会議の年次大会で、こんな発言をした。

「私たちが、原子力の開発に確信が持てるのは、それは現在、原子力に対する強い反対と批判が存在するためです。あるいは、奇異に受け取られるかもしれませんが、この原子力に向けられている批判、非難、反対こそが、私たちの努力の、いわば道標になっているといえます」

彼はしばしば、「ファウスト的契約」なる言葉を口にした。

「われわれ原子力関係者は社会とファウスト的契約を結んだ。すなわち、われわれは社会に原子力という豊富なエネルギー源を与え、それと引きかえに、これが抑制されないときに、恐るべき災害を招くという潜在的副作用を与えた」と。

「ファウスト的契約」とは、いうまでもなく、ゲーテの『ファウスト』の主人公が、悪魔のメフィストフェレスに魂を売ることを比喩しているわけだが、それが今、現実のものとなってしまった。

しかし、別の見方をすれば、この発言は木川田や橋本が現役で原子力発電に関わっているときは、少なくとも自分たちが相手にしているのは「悪魔」だという認識があったともいえる。木川田は最初から「悪魔のような代物」と言っていた。

だからこそ木川田は、「努力の道標」として、自分の故郷に原発を持ってこようとしたのではないか。それが悪魔的な代物だからこそ、いい加減な官の手に任せず、民間企業の責任で危険を管理していくのだという思いがあったのではあるまいか。自分の故郷に原発を建設したのは、その覚悟の表れであったと見るのは、甘いだろうか。

じつは、最初に「福島県の大熊、双葉あたりに、将来有望な産業を誘致したい」と木川田に持ちかけたのは、当時衆議院議員だった木村守江である。大熊、双葉町のあたりというのは、県内でもとくに貧しく、人びとの生活は停滞していた。町長たちからせっつかれる形で、木村が木川田に相談を持ちかけたのだ。

木川田は福島県梁川町（現伊達市）の医師の家に生まれている。父親は、奉仕の精神あふれる医者で、どんな悪天候の中でも、急病人があれば必ず出かけ、愚痴一つこぼさなかったという。家業を継いだ兄も父親に似て、晩年身体をいためていたにもかかわらず、「先生しゃま、助けてくんなんショ」と頼まれると、うんうんうなりながらも往診に出かけた。父や兄の病人に対する心構えの厳しさは、子供心にもしみ入るように知らされたと、木川田は「私の履歴書」に述懐している。木村守江の家も代々医師で、同郷のうえに同業の家系で育ったこともあり、木川田とは親しい間柄だった。

木村の産業誘致の相談に、木川田は「原子力発電所はどうか」と、即答したという。当時脚光を浴びていた原子力発電を福島に誘致できるかもしれない、という期待に木村の胸は躍った。このあたりの地区は木村の票田で、その意味でも密《ひそ》かに胸算用したに違いない。

そんなやりとりがあってから三年後の一九六一年、東電は福島県の大熊、双葉町に原子力発電所を建設することを決定したのである。そのとき、木川田は東京電力の社長に就任していた。

この時期にも、じつはゼネラル・エレクトリック社の軽水炉導入をめぐって通産官僚との攻防があった。資金のやりくりに四苦八苦する日本原子力発電に、再び、国家資金を導入してはどうかと通産省が持ちかけてきたのである。通産官僚たちは、このままでは高度成長を目指す日本経済に支障をきたすという大義名分を持ち出し、軽水炉導入の主導権を電力会社から再び国に移そうと画策したのである。国家資金を導入するということは、国家の介入を大幅に受け入れるということである。これは絶対阻止せねばならない。木川田は、福島への軽水炉導入を急いだ。

官僚たちに付け入る隙を与えないためには、東電の基盤を磐石《ばんじやく》のものにしなければと木川田が考えたのは当然の成り行きだろう。一九六一年の八月、東電は一三・七六％の電気料金値上げに踏み切った。

## 企業の社会的責任とは何か

木川田は、一九七六年に会長を辞めるまでに、福島第一原子力発電所の二号機、三号機を完成させ、福島第二原子力発電所の用地買収にも自ら先頭に立って精力的に関わった。このときの木川田には「企業の社会的責任」を全うするという以外に邪念はなかっただろう。

「時代がどう変わっても、新しい社会の進歩のためには、新しい奉仕の精神――それは社会的な精神といってもよいであろう――が尊ばれねばならないはずである。

こうした奉仕の新精神をもって、良きサービスを提供するという価値観に徹してこそ、初めて時代の要請する東電経営の近代化の可能性が生まれてくるに違いない。

わたくしは、あらゆる角度から、その可能性を探求し、これを社会の進歩のために還元しなければならないとひそかに心に誓った」

父や兄に学んだ奉仕の精神を、企業の社会的責任として果たしたい。木川田のこうした企業理念は一貫していた。一九六一年の電気料金値上げに当たって、木川田は、東電の経営方針を「量を中心とした受け身の経営」から「質を重点とした能動的な経営」に転換することを明言し、経営改革に乗り出している。

「わたくしがここに質の重視といったのは、一般的にいわれるように単純な利潤追求だけではなかった。もともと経営に当たっては、会社の一方的な利潤ばかりでなく、広く、従業員や株主、需要家などいわゆる社会全体の福祉を増大するように経営することが肝心であろう。特に、公益事業としては、狭い私益とこうした広い公益とを調和することで、事業の発展が社会の生活福祉の増進に寄与するという考えが根底に流れていた」

この記述を読めば、木川田イズムの本質が何であるか、非常によく伝わってくる。

たとえば木川田は、一九七四年夏に、「たとえ自民党がつぶれても、東京電力をつぶすわけにはいかん」と言い切って、企業としての政治献金を廃止した。石油ショックのあおりで、この年の六月、東電は一三年ぶりの値上げをした。参議院議員の市川房枝が、政治献金は違法という民事訴訟を起こそうとし、献金反対に絡んだ「電気代一円不払い運動」が広がり始めていた。木川田は、考えた末に、政治献金を廃止することを決断し、社長の水野久男と常務だった平岩外四を呼んだ。

そして、自分の考えを話した後、政治献金廃止を役員会で決めるよう二人に言い渡した。あまりの決断の早さに、水野も平岩も愕然《がくぜん》としたという。その当時のことを振り返って、平岩は私にこう語った。

「木川田さんは、単なる理想主義者ではありません。当時、アメリカではそうした市民運動が活発で、三分の一が不払いという州も出ていました。それで、このまま放っておいたら、日本も大変なことになると思ったんでしょう。しかし、政治献金をやめた後、どうなるか。熟慮して決めたんだと思います。理念としては極めていいことでも、ナマナマしい現実の場でそれをどう生かすか、木川田さんは常にそれを考えていましたね」

自民党はもちろん、財界からも反発を買った献金廃止を木川田は断行した。「理念としては極めていいことでも」という発言に、私は、平岩と木川田の経営者としての質の違いを感じてしまう。平岩は、表面上は忠実に従いながら、木川田のストレートすぎるやり方に、現実と乖離《かいり》した青臭さを感じていたのではないか。平岩は、理念より、利潤や利便といった「現実」を優先させる男であった。

二人の違いを象徴するいい例がある。木川田は、青臭い理想主義を唱える奴らと陰口を叩かれる経済同友会の代表幹事を長く務めた。個人参加の同友会は、利益団体の経団連とは異なり、企業の社会的責任を強調して、公害問題にも敏感だった。その木川田の秘蔵っ子ともいわれた平岩は、同友会の対極に位置する経団連の会長となった。そして、松永が嫌い、木川田があれほど拒否していた勲章をもらってしまうのである。

## 平岩外四の変質

私は第一章に、東電の変質は平岩外四から始まったと書いた。だが、なぜ平岩は官と闘った創業者の精神を受け継ぐことができなかったのか。

平岩は二〇年間、木川田に仕えた。木川田は、副社長室に平岩を呼びつけると、決まって「平岩君、アレはどうなった?」と聞いたという。木川田に頼まれている仕事は常にたくさん抱えていたので、「アレ」が何をさすのか、平岩は瞬時に考えなければならない。コレかと判断し、資料を並べて説明すると、「うん、コレだ、ありがとう」と答える。あるいは「これはもういいんだ」と突き返される。これが日に何度も繰り返された。平岩は、「今日は一勝二敗、まだまだ勉強が足りない」と反省した。

「木川田さんの気持ちを忖度《そんたく》することを繰り返して、ほとんどパーフェクトに答えられるようになった」

という平岩が、なぜ木川田精神を裏切るような経営方針に切り替えてしまったのか。電力会社が原発という悪魔を抱えたせいなのか。あるいは、独占企業の傲慢さがそうさせたのか。いずれにせよ、福島第一原発の過酷な事故は、平岩に端を発していると私は見る。

といって、私は、松永や木川田を聖人君子だとは思っていない。明治期に電燈会社ができたころから、賄賂も政治献金も日常茶飯事に行われていたことだ。松永安左エ門も、木川田も、金の力で難所を乗り切ったことなどいくらでもあるだろう。実際、原子炉導入の官僚との遺恨試合の際も、電力会社側の金の力でコトを動かしたわけである。その裏に木川田がいたのは業界の周知の事実だ。

しかし、彼らにあって、平岩や今の九電力社長たちには決定的にないものがある。それは国家との闘争の歴史と、民間が主導する電力で日本を豊かにするのだという気概、そして企業の社会的責任への自覚というものである。

「木川田さんの一生とは、国家を電力に介入させず、電力の自立を維持するための国家との闘いだった。そして木川田さんは見事にそれをやってのけた」

戦後日本の原子力産業界のプロデューサー、橋本清之助は、木川田が亡くなった直後に、そう語った。

　松永、木川田らは、ＧＨＱの威を借りてまで日発を解体し、民間による九電力体制を発足させた。それ以来、電力国管の悪夢を二度と甦《よみがえ》らせまいと、国家の介入を極力排除し、電力会社の自立、独立に全精力を傾けてきた。

　ところが、その木川田の後継者である平岩外四が東電、財界の実権を握るようになったとたん、通産省に力を貸し、木川田があれほど死守してきた原子力開発の主導権を、簡単に通産省に譲り渡してしまうのである。平岩が東電の社長になったのが一九七六年、その翌年の七七年に木川田は亡くなっている。

　これはどういうことなのか。あきらかに平岩は木川田とはまったく逆の道に踏み出した。当時の時代背景を考えれば、平岩の方針転換の理由はわからないでもない。一九七三年のオイルショック以降、石油問題は、経済の問題を越えて政治的なものとなり、民間企業の手に負えるものではなくなっていた。しかも石油に代わるべく電力会社が通産省としのぎを削って導入した原子力はトラブル続きで暗礁に乗り上げていた。

　一九七五年の春は、前年からの福島原発における配管損傷の連続事故、および原子力船

「むつ」の放射能漏れによって、反原発運動が盛り上がっていた時期だった。このままでは東電を守れないと平岩は思ったのだろう。そこで、平岩は、「国家の介入を断固拒否して、企業の主体性を守る」という木川田の「攻め」の経営から、リスクをできるだけ低くするという「守り」の体制に方向転換したのである。

平岩の転換は、よくいえば国家との協調体制である。その最も象徴的なものが、電源開発を認知し、九電力体制から一〇電力体制に切り換えるという方針を打ち出したことだ。つまり、九電力の屋台骨が揺らいでは元も子もない、「電力に国家を介入させず」などとカッコつけてはいられない、と判断したということである。

木川田が平岩を社長に選んだ理由は「最も我慢強く、間違っても喧嘩《けんか》しない男」という理由からだそうだが、皮肉にも平岩は、木川田の見立て通り、国家、すなわち通産省とケンカしない道を選んだのだ。

## 国家との緊張関係を失った東電

朝日新聞記者だった大谷健が、東電の会長だった木川田を訪ねて、原子力開発について話し合ったことがあるという。

「政府がいつもへっぴり腰で、国民に対し自ら説得する姿勢を欠いている。いま原子力委員長に松永安左エ門のような人物をすえる必要はないだろうか」

そう大谷が言うと、木川田は少し考えてこう言ったという。

「いまは松永流の行き方は、かえって反発を招くだけかもしれない」

木川田にそう言わせたのは、とても一筋縄ではいかない原子力開発に対する困惑の表れだったのかもしれない。松永のように「日本中を敵に回しても」というやり方は、原子力に関しては通用しない。大衆の発言は強力な政治力となり、松永の強引さは決して世論が許さないだろう。

大谷は『興亡』の最後にこう書いている。

「これまで私企業の経営から極力政治を排除する必要を説いてきた。公企業の欠点は、まさに政治にとらわれる点にあることを力説した。しかし電力産業が政治介入を排し、私企業の独立を保つためには、大衆説得という高度の政治力が必要になってきたという逆説めいたことを、いま指摘せざるをえない。

これからの電力事業の経営者は松永安左エ門の資質にさらにプラスする能力が求められる。果たして現在の経営者にそれだけの能力があるや否や」

これを大谷が書いたのは、昭和五三年（一九七八）、木川田が亡くなった次の年である。平岩に続く東電の経営者たちは、大谷のいうような能力を発揮しただろうか。否である。大衆に事態の真相を知らせ、高度な説得を行うどころか、原発のトラブルもデータ改ざんもすべて「隠蔽」して、大衆の目に触れさせないという「リスク回避」を行ってきた。

平岩の時代から国と手を結んだ電力会社は、天下りを常態化させ、政治にも役所にも学界にも電力会社の息のかかった人間を送り込み、政官学業の鉄板の体制を作った。平岩が政治の世界に送り込んだ人間が加納時男だといえば、その癒着ぶりが十分想像できるだろう。加納は事故を起こした今も「東電をつぶしたら株主の資産が減ってしまう」「低線量の放射線はむしろ体にいい」と非常識なことを言って、原子力を堂々と推進しようとしている。

東電帝国を中心にした「原子力ムラ」の話は、今たくさんある類書に詳しいからもう書くまい。

松永や木川田たちがつくりあげた九電力体制とはいったい何だったのか。彼らが戦前の悪夢を繰り返すまいと、国権を排除して誕生させた九電力会社は、いまや松永たちが理想に掲げたものとはまるで正反対の巨大な化け物になってしまった。国と手を結べば面倒な陣取り合戦から解放される。協調し合って、互いに利便を図りあうほうが合理的であると考えた平岩の変質は易きに流れ、電力会社から、「国家との緊張関係」と「企業の社会的責任」を失わせた。電力対国家という対立構造があったからこそ、その緊張関係が「企業の社会的責任」を育てたという側面もあったのだ。

役所と一体化し、その緊張関係を失った電力会社は、いまや役所以上の役所になってしまった。地域独占、総括原価方式、発送電一体という三つの特権をほしいままにし、一人勝ちを続けてきた。一九九五年から電力の一部自由化が行われるが、送電線を握っているのは電力会社だから、その独占体制はほとんど変わっていない。

役所と電力会社は互いに便宜を図りあうばかりで、原子力ムラのチェック機能というのはなきに等しい。最大の不幸は、そういう人間たちが原発という「怪物」を扱っていたということである。「怪物」の安全審査をする経産省の原子力安全・保安院の委員が、許可を申請する電力会社側とつながっている、あるいは同一人物などということが平然と行われてきた。

だからこそ、今回の福島の原発事故は人災なのである。

松永は「役人に電力会社を運営できるわけがない」と喝破したが、日発の運営がガタガタになったことでそれは証明された。経営というものはダイナミックなもので、動態的な思考方法ができない役人には所詮無理なのである。そういう奴らを電力事業に取り込んだことが平岩の失敗であった。官僚の思考パターンというのは、組織の維持や拡張しか考えてないといっていい。だから天下り機関をいくらでもつくりたがる。松永や木川田は、そうした官僚の本質をとっくに見抜いていた。

以前私は、『大蔵省分割論』（光文社）という本を書いた。スキャンダルを起こした大蔵官僚たちについて書き、こうした醜聞は、大蔵省が、予算、金融、税務の三つの権限を握っていることからくる驕《おご》りに起因すると指摘した。大蔵官僚は、予算をつけてやるという感覚で政治家を支配し、逆らえば、税務査察という脅しをかける。そうして政治家がものをいえない体制を作り、自分たちに都合のいい銀行、証券、金融という天下り先ポストを延々と確保し続けてきた。こんな思い上がり官僚をなくすために、大蔵省の税、予算、金融の権限を三分割せよと、私は主張したのだ。今でいう、経産省内の原子力安全・保安院を独立機関にしろという議論と同じである。

すると、大蔵官僚のすごい反発があった。表立って反論できない彼らは、テリー伊藤の『お笑い大蔵省極秘情報』（飛鳥新社）という本の中で、匿名で私を非難した。「彼が（本で）もうかったらその分税金をいただくわけですから、我々にとっては二重の勝利です。大蔵省批判がこの程度でみんな満足してくれるのが第一の勝利、税収増が第二の勝利です。これ以上突っ込もうとするなら佐高信の身辺を洗いますよ」と、脅しをかけてきた。そして「それができるのは、大蔵省が税務署を手足にした最大の情報機関であるからだ。したがって大蔵省から見れば、しっぽが見えていない日本人はいない」とまで言い切ったのである。

平岩はこういう輩《やから》を身内に取り込んだのである。松永安左エ門が理想とした健全な自由競争下での九電力体制は、その機能を完全に失った。松永がへどが出るほど嫌った官僚主義に成り下がってしまった。今、福島の事故を受けて、原発の国有化がいわれているが、現状のままではさして変わるとは思えない。自信を持って言えることは、こういう事態になっても、官僚というものは反省などしない人種なのである。東電はおそらく彼らが残すだろう。

ただひとつ希望を感じるのは、国家対電力という対立構造が失われた今、原発政策をめぐって「中央」対「地方」という対立構造が見え始めていることだ。福島県の元知事・佐藤栄佐久、山形県知事の吉村美栄子、滋賀県知事の嘉田由紀子などが、はっきりと「脱原発」や「卒原発」を宣言し始めている。やはり地域でなければ守れないと、知事がひとつの抵抗の拠点となって、中央にものを言い始めている。一度は原発ムラに組み敷かれた地方が、反撃を開始したということである。

国家が暴走し始めたときに、松永らの電力会社が抵抗したように、いま、地域が一丸となって国家と電力会社という共犯組織を打ち砕くエネルギーとなれば、日本の未来にも少しは希望が持てそうな気がするのである。

# おわりに　試される新たな対立軸

『潮』の一九八七年八月号で、当時、東京電力会長だった平岩外四にインタビューして、およそ四半世紀になる。

その時、平岩は私にこう語った。

「最近は革命という言葉が非常に安易に使われるようになりましたね。革命を嫌っている社会が革命という言葉を使う」

至言だが、残念ながら、この指摘はいま、東京電力という会社に最もよく当てはまるだろう。革命どころか、「変革」という言葉さえ嫌って、東電は現在の惨状を招いてしまった。

また、平岩は次のようにも語ったが、それがほとんど東電のことを指しているとしか思えないのは皮肉である。

「日本の社会は、長い間、自国内で暗黙に了解されている秩序や、『ムラ』とか『イエ』

といった小集団の慣習等で運営されてきたために、たとえば、外国人労働者の受け入れ、社会的弱者の救済、人種的偏見の克服、女性差別の撤廃といった国際的ルールが広く実現されているとは言い難い側面があります。

相手を自分と異なるものとして理解することにも習熟していないと言えるでしょう」

最後の指摘など、まさに原発反対派に対する東電の態度そのものである。

「ムラ」といえば、原子力ムラを連想させるし、「差別」は原発を福島や新潟に持って行ったことを想起させる。

福島県出身の東大教授、高橋哲哉が八月一五日に開かれた市民文化フォーラムで、卓抜な問題提起をしている。

高橋は原発が「犠牲のシステム」だとし、事故は「想定外」ではなく、想定されたからこそ福島県沿岸部につくられたと強調する。つまり、原発は立地先の地方住民の犠牲なしには成り立たない構造的差別に立脚しているというわけである。

彼は犠牲のシステムを次のように要約する。

「ある者たちの利益が他の者たちの生活や生命、健康、日常、財産、希望などを犠牲にして生み出され維持される。犠牲にする者の利益は犠牲にされる者の犠牲なくしては生み出されないし、維持されない。この犠牲は通常は隠されているか、共同体にとっての尊い犠牲として正当化される」

こうした犠牲のシステムに抵抗したのが、前福島県知事の佐藤栄佐久だった。佐藤は、「うつくしま、ふくしま」をキャッチフレーズに、コミュニティを大事にする政策を打ち出す。

たとえば、二〇〇五年七月の合併特例債手続きの締切りを前に駆け込みで行われた広域合併に対し、「合併する市町村も、合併しない市町村も同じく支援する」姿勢で臨んだのである。これは当時の知事では長野県の田中康夫と二人だけだったという。

この姿勢から、国策として原発を押しつけ、安全を無視した事故隠し等をする東電と対決していくことになる。佐藤にとって中央と地方、あるいは国と県は支配・従属の関係ではなく、対等の関係だった。

私は、生産と生活の遊離が公害を生んだと考える。生産の場に、たとえば社長が生活していたなら、もっと早くに公害は発見され、被害も拡大しなかったと思うのである。

原発も同じであり、福島に東電の会長や社長が住んでいたなら、安全にもずいぶんと配慮したのではないか。

佐藤は在任中の二〇〇一年に新聞記者にこうコメントしている。

「いろいろな意味で、原子力政策を見直す機会ではないか。五、六年前までは安全と信じていたが、最近の状況を見ると、残念ながら原子力発電所は〝危険施設〟かもしれない」

これに対し、国（および東電）は「福島県知事は地域エゴでごねている」とか、「物わかりの悪い田舎の知事だ」といった印象操作をした（佐藤栄佐久『福島原発の真実』平凡社新書）。

そして、二〇〇三年五月二四日付『朝日新聞』「私の視点」欄で、佐藤が国の原子力政策について「いったん決めた方針は、国民や立地地域の意向はどうであれ国家的な見地から一切変えないとする一方、自らの都合を優先、簡単に計画を変更するという国民や地域を軽視した進め方」を強く非難するや、国の意向を代弁するように『日本経済新聞』が六月五日付の社説で、佐藤を名指しで批判した。

「（運転再開の）見通しが狂ったのは、原発十基が立地している福島県の佐藤栄佐久知事の動向」のせいだとし、佐藤が表明したこともない「地元八町村の意向と県議会の了承があれば運転再開を認める」という条件を挙げて、佐藤一人が新たな条件を付け加えることで運転再開の「値段」を釣り上げていると、見当違いな批判を加えている。「値段」云々《うんぬん》の下品さは「蟹《かに》は己の甲羅に似せて穴を掘る」の諺《ことわざ》を地で行っていると言うしかない。

マスメディアを味方につけて、公益である電力事業を国が私益化しているのである。

私は、佐藤の志を受け継ぐように、地方から脱原発ならぬ「卒原発」の声をあげた二人の知事に『サンデー毎日』の八月七日号のコラムで次のようにエールを送った。

拝啓　卒原発の二人の知事様

いささかならず関わりのある二人の知事がそろって卒原発を提唱されたことに敬意を表します。

山形県知事の吉村美栄子さんは選挙の応援に駆けつけましたし、滋賀県知事の嘉田由紀子さんには最初の当選直後に『週刊金曜日』でインタビューさせてもらいました。

「なでしこジャパン」の世界一で東日本大震災の被災者も勇気づけられたようですが、私はこの二人の知事の提言に共鳴し、励まされました。

やはり、いのちというものへの感受性が男性より女性のほうが強いのでしょうか。但し、北海道知事の高橋はるみさんは、原発を推進してきた経済産業省出身のためか、卒原発には賛成していませんね。

知事として県民のことを考え、原発事故を頻発させたうえにそれを隠す東京電力と厳しく対峙《たいじ》して東京地検特捜部に〝国策逮捕〟されてしまった前福島県知事の佐藤栄佐久さんは、二〇〇四年の全国知事会で神奈川県の松沢成文知事が「憲法改正と地方自治」を論じる研究会を設けるよう提案し、道州制を主張した時、

「いま、憲法改正を議論すべきではない。憲法には地方自治の理念はしっかり書いてある。道州制は地方自治にとってマイナスに作用し、権限を渡したくない国に利用される」

と反論したそうです。

「大きいことはいいことだ」という単純な市町村合併の延長線上に道州制はあるのでしょう。私は佐藤栄佐久さんの反対論に賛成ですが、宮城県の市民活動家の沖田捷夫さんが、町村合併が震災の被害の把握と復興を遅らせていると嘆いていました。

たとえば、「合併しない宣言」をして自立の道を選んだ福島県矢祭町の前町長、根本良

一さんも同じ考えでしょう。

合併で大きくなれば、市町村の職員も、やはり、具体的に住民の顔や現状を把握できなくなります。被災地の給水などでも、合併した地域は旧町村一ヵ所というところが多かったのに、合併しない自治体は町内会単位での給水体制だったということです。給水は毎日ですから、この差はとても大きいでしょう。高齢者には水を受け取りに行くのも大変なことなのです。

私はこれまで、根本さんや佐藤栄佐久さんを、住民のいのちを守る護民官だと思ってきましたが、吉村さんも嘉田さんも同じですね。

吉村さんは二年前、現職二期目の候補者に対抗して立候補しました。最初、ノミネートされた五人のうち四人は、とても勝ち目はないと早々に降りて、吉村さんだけが残ったのだそうですね。尻尾を巻いた四人はみな男だったということも、卒原発宣言を聞いて思い出しました。

あの選挙の時、私は奇しくも嘉田さんの話をしたのでした。

二〇〇六年の滋賀県知事選で、嘉田さんの相手は、やはり一番強いといわれる現職の二期目で、しかも、自民、公明、民主が推す大連立の候補でした。共産党は別の人を立てていたので、嘉田さんを推す政党は社民党しかなかったのです。それでも嘉田さんは、琵琶湖からフナやビワマスがいなくなった、環境を大切にしようと訴え、当選しました。

圧倒的に不利な嘉田さんが勝ったのだから、民主、共産、社民が推す、もっと恵まれた条件下の吉村さんが勝てないはずがない、と私は応援演説で強調したのです。

それにしても、奇跡を起こすのはいつも女性なのでしょうか。卒原発も男たちはいろいろ言っていますが、ぜひ実現したいですね。

世論をよそに、東京電力に対して、国の仮面をかぶった経済産業省などの役人ならぬ厄人は、なぜ、公のルールを破ってまで〝救済〟しようとするのか。ルールの私物化をする東電や厄人を私は『週刊金曜日』の七月八日号で次のように指弾した。タイトルは「まったく反省していない東電の経営者たち」である。

『毎日新聞』の依頼で、六月二八日の東京電力の株主総会を〝観戦〟したが、報道機関向けの東電本店大会議室の総会中継場は、静かすぎるほど静かだった。

私はまず、貼り出された「撮影、録音、配信につきましてはご遠慮願います」に強烈な違和感を持った。

あれだけの事故を起こし、まだ収束していないというのに、なお閉鎖的な株主総会をやろうというのか。

株主総会は株主相手とはいえ、東電はそもそも存続していいのかという疑問が大きく膨らんでいる。

その時に、こんな貼り紙を出し、とにかく内向きに終わろうとしている。そして、それをおかしいと思わないメディアの人間が淡々と総会の模様を記録している。その異様さに私は腹立ちを通りこして呆然《ぼうぜん》としていた。

午前一〇時の開会から、およそ六時間。休憩もなく総会は進められ、午後四時少し過ぎに終わったが、議長を務めた代表取締役会長の勝俣恒久はじめ、ヒナ段に並んだ経営陣はみんな紙オムツをはいていたといわれる。

しかし、彼らがはずさなかったのは紙オムツだけではない。いつも着けている企業人の仮面も着けたままだった。

私は一九七七年秋に『ビジネス・エリートの意識革命』（東京布井出版）という最初の本を出したが、その副題を「企業人の面とペルソナ」とした。そして、次のような〝忠誠心患者〟を紹介したのである。

一九六八年秋、三菱油化四日市工場が絵具のように真赤な汚水を出し、付近の住民から通報を受けて、当時、四日市海上保安部に勤めていた田尻宗昭がそれを調べた時、担当の課長は礼服を着て現れ、

「私は二代も前から三菱に働かせてもらっているのに、会社に対して何とも申しわけないことをしてしまった。会社のカンバンに泥を塗った」

と涙を流さんばかりで、ただただ会社にすまないの一点ばりだったという。そして、食事もできないほどにやつれて、家族が自殺を心配するほどになったとか。

その課長の頭の中には、港を汚し、社会に損失を与えたという意識はまったくなく、会社のメンツを傷つけたという思いだけでいっぱいだったのである。企業というものがそこまで人間を洗脳するものか、と田尻は不気味な感じがしたと言っている。

会社に飼われている人間を〝社畜〟と名づけたのは中堅スーパー、サミットの元社長で経済小説作家の安土敏だが、会社の仮面をはずせないという意味では、東電会長の勝俣や前社長となった清水正孝もリッパな〝社畜〟である。彼らからは最後まで肉声は聞けなかった。

つまり、社畜社員A、社畜社員Bでしかないのである。その仮面を剝がすべく、私財で償えという訴えが出たが、それを聞きながら、私は住専問題の時の母体行、すなわち銀行経営者の責任追及を思い出した。

私も彼らに「私財を提供させろ」と主張していたのである。

それで札幌の講演でもそう訴えた時、取材に来ていた大手紙の記者が勘違いして翌日の新聞にこう書いた。

「佐高氏、頭取たちに死罪を適用せよ、と主張」

それを見て私も仰天したが、私財を「死罪」と聞き違え、提供を「適用」と取り違えたわけである。

しかし、今度の事故では、自殺を含め、死者が出ている。

私は勝俣以下の東電の社畜経営陣には「私財を提供」どころか、「死罪を適用」という声も起こってくるのではないかと思った。鉄面皮な勝俣は自分にそんな責任はないと考えているようだが、原発からの撤退を求める株主や福島の避難民はまさに死罪を適用させたい気持ちだろう。

勝俣の答弁で私が一番腹が立ったのは「計画停電」である。メディアも東電の発表したその言葉をそのまま使うが、地域独占で供給責任を負う電力会社が軽々に使っていい言葉ではない。独占を放棄するか、社長のクビを差し出さなければ使えない言葉であるはずなのに、メディアも無感覚に使う。せめて括弧ぐらいつけろよと言いたいが、東電をはじめとした電力会社に完全に骨抜きにされたメディアには、それも望み過ぎなのだろう。

骨抜きにされたのはメディアだけではない。学界もそうであり、原子力安全委員会等もそうである。

そして東電は、土木学会の認めたとか、原子力安全委員会の定めたところに従いとか言って、それらを弁明の道具とする。

原子力安全委員会の委員長は、いまだに辞めないのが不思議なような班目《まだらめ》春樹である。

マダラメではなくデタラメだと言われているが、自分たちが籠絡《ろうらく》した原子力ムラの住人の見解を堂々と引用するのだから、その厚顔には驚くしかない。

勝俣らはまったく反省していない。それどころか、いま現在も原発推進のビートたけしは毎日のようにテレビに出ているのに〝上映禁止物体〟とされる広瀬隆は登場していないことに象徴されるように、東電は反撃してメディアを締め付け、発送電の分離を防ごうとしている。

株主総会ではそれを議論することは最初から難しいわけだが、そもそも、あれだけの事故を起こした東京電力という会社が存続することが許されるのか。

損害賠償額は一〇兆円にも達するといわれる。それを支払う能力がなければ東電は倒産するのが普通だが、それでは困るからと、さまざまな救済案が出されている。しかし、東電が倒産して、誰が困るのか？

確かに経営者や社員は困るだろう。出資している株主や大銀行、それに社債を買っている人間も困るが、そのリスクを承知で株を買い、融資をしているのではないか。

日本航空は倒産させ、会社更生法によって再建を図っている。どうして東京電力は倒産させられないのか。資本主義の社会のはずなのに、突如そうではなくなる日本の縮図を見たような東電の株主総会だった。

さて、発送電の分離の必要など、かなりの部分で問題意識を共有するのが、改革派官僚として、その著『日本中枢の崩壊』（講談社）がベストセラーになっている古賀茂明である。補論として収められている「東京電力の処理策」にも反対すべき点はない。彼とは『青春と読書』（集英社）で対談したが、改めてじっくりと語り合ってみたい。

今後、電力と国家をめぐる問題にどのような対立軸を構築し得るか。試されているのは、新たな公に対する思想と行動なのである。

## 主要参考文献


宇佐美省吾『電力界戦国史―国造りに賭けた男たち』ダイヤモンド社、一九八四年
大谷健『興亡―電力をめぐる政治と経済』産業能率短期大学出版部、一九七八年
大和田悌二『電力国家管理論集』交通経済社出版部、一九四〇年
奥村喜和男『電力国策の全貌』日本講演通信社、一九三六年
恩田勝亘『東京電力　帝国の暗黒』七つ森書館、二〇〇七年
小島直記『鬼才縦横―小林一三の生涯』下巻、ＰＨＰ文庫、一九八六年
『小島直記伝記文学全集』第七巻、中央公論社、一九八七年
小林一三翁追想録編纂委員会編『小林一三翁の追想』一九六一年
佐高信『「民」食う人びと―新・日本官僚白書』光文社文庫、二〇〇〇年
佐高信『福沢諭吉伝説』角川学芸出版、二〇〇八年
佐高信「『中興の祖』が怒り、泣いている―木川田精神を失った東電の変質」『週刊金曜日』二〇一一年六月三日号
志村嘉一郎『東電帝国　その失敗の本質』文春新書、二〇一一年
白崎秀雄『耳庵　松永安左エ門』上・下巻、新潮社、一九九〇年
田原総一朗『ドキュメント東京電力企画室』文春文庫、一九八六年
田村謙治郎『戦時経済と電力国策』戦時経済国策大系第四巻、産業経済学会、一九四一年

電気庁編『電力国家管理の顚末』日本発送電株式会社、一九四二年
日本経済新聞社編『私の履歴書―昭和の経営者群像』2、日本経済新聞社、一九九二年
松永安左エ門翁の憶い出編纂委員会編『松永安左エ門翁の憶い出』上・中・下巻、電力中央研究所、一九七三年

**佐高 信**（さたか まこと）

一九四五年山形県生まれ。慶応義塾大学法学部卒業。高校教師、経済誌編集長を経て、評論家として活躍。著書に『逆命利君』『福沢諭吉伝説』『竹中平蔵こそ証人喚問を』『誰が日本をここまで不幸にしたか』『原発文化人50人斬り』、『日本論』（姜尚中との共著）、『ベストセラー炎上』（西部邁との共著）ほか多数。

集英社新書〇六一三B

# 電力《でんりょく》と国家《こっか》

二〇一一年一〇月一九日 第一刷発行

著者……佐高《さたか》 信《まこと》

発行者……館 孝太郎

発行所……株式会社集英社

東京都千代田区一ツ橋二-五-一〇 郵便番号一〇一-八〇五〇

電話 〇三-三二三〇-六三九一（編集部）
〇三-三二三〇-六三九三（販売部）
〇三-三二三〇-六〇八〇（読者係）

装幀……原 研哉

印刷所……凸版印刷株式会社

製本所……加藤製本株式会社

定価はカバーに表示してあります。



ISBN 978-4-08-720613-5 C0231

Printed in Japan

a pilot of wisdom

## 集英社新書　好評既刊

### 中東民衆革命の真実—エジプト現地レポート
田原 牧　0601-A

イスラム圏で広がる民衆革命。エジプトでムバーラク政権を追い詰めたものは何か。今後の中東情勢を分析。

### 原発の闇を暴く
広瀬 隆／明石昇二郎　0602-B

福島第一原発事故は明らかな「人災」だ！　原発の危険性と原子力行政の暗部を知り尽くす二人の白熱対談。

### 「原発」国民投票
今井 一　0603-A

代理人たる政治家に委ねず、事柄について自らが直接に決定権を行使する国民投票。今、原発の是非を問う。

### 耳を澄ませば世界は広がる
川畠成道　0604-F

障害を負った視力の代わりに聴覚を研ぎ澄まし、世界を「見つめて」きたヴァイオリニストの人生哲学。

### 新選組の新常識
菊地 明　0605-D

根強い人気を誇る「新選組」だが、史実と異なるイメージが広がっている。最新の研究結果で実像を明かす。

### 日本の大転換
中沢新一　0606-C

3・11の震災後、日本は根底からの転換を遂げなければならなくなった。これからの進むべき道を示す一冊。

### 伊藤Pのモヤモヤ仕事術
伊藤隆行　0607-B

「モヤモヤさまぁ～ず2」「やりすぎコージー」を手がけた、テレビ東京のプロデューサーが贈るビジネス書。

### ゴーストタウン チェルノブイリを走る
エレナ・ウラジーミロヴナ・フィラトワ　0608-N

写真家でありモーターサイクリストの著者が、事故後二五年のチェルノブイリの実相を綴った詩的文明批評。

### あなたは誰？ 私はここにいる
姜尚中　0609-F

ドイツ留学時、著者はデューラーの絵から強烈なメッセージを受け取る——。美術解説書とは異なる芸術論。

### 実存と構造
三田誠広　0610-C

サルトル、カミュ、大江健三郎、中上健次などの具体例を示しつつ、現代日本人に生きるヒントを呈示する。